The Contemporary Cake Decorating Lible

蛋糕装饰圣经

翻糖、裱花、糖艺雕刻

150余种装饰技艺和80多个精美样例

[英] 林迪 史密斯 著　　黄如露 译

河北科学技术出版社

目录

序言

当我的出版商向我邀稿写这本书时，我真的无法抵挡这个诱惑。尽管要完成这样的一本书时间很紧迫，但我还是无法拒绝，因为我知道，很多人需要这样的一本书，而我想要成为写成这本书的人。我的蛋糕使命一直都是激励他人，并且也想要让我的糖花工艺设计绽放出当代的光彩。

我充分地享受了完成这本书的创新过程。这在其中包含了许多我在制作蛋糕和饼干上经常使用的技艺，虽然无法把所有的技艺都涵盖在内，但我确信，通过使用本书，你也能够轻松地创造出华丽迷人的蛋糕。

不落俗套、装饰精美的蛋糕让大家印象深刻——无论它们是雅致的纸杯蛋糕、迷你蛋糕还是大型的多层蛋糕。蛋糕并不一定要繁复冗杂，简单的压花，使用剪裁好的形状、模具或镂花模都是十分快捷有效的技艺，通过它们就可以创造出魅力惊人的蛋糕。我的建议是，从"小"开始——纸杯蛋糕和饼干远远没有大蛋糕那么让人望而生畏。

从开始从事蛋糕装饰以来，我一直都致力于创造具有当代风格的蛋糕。在成长的过程中，我身边的人（特别是我的祖母）总是鼓励我，要多观察周围的事物，看看什么是当前的"潮流"。今天，我从周围的世界中吸引我的那些事物中获取灵感，然后将它们用自己的方式阐释到蛋糕设计中去。在本质上，我是一名艺术家，而糖花就是我的媒介。

书中那些设计的灵感来源五花八门：室内设计、新艺术风格的彩色玻璃、铁艺作品、艺术展览、床单被罩、衣服布料、家具装饰、珠宝设计和插花艺术……我也十分钦佩诸如画家瓦西里·康丁斯基、建筑师安东尼奥·高迪和时尚设计师瓦伦蒂诺的作品。要想展现当今风格，颜色是关键。时尚的颜色和颜色组合变化多样、形式不定。但是，要想让一个蛋糕看起来很现代，最简单的方法就是使用你在周围的杂志、产品目录、布料、橱窗展品、文具、床品上等所看到的那些颜色。

就像大多数艺术形式一样，学习蛋糕装饰也是从复制其他蛋糕开始。但是，随着自信的增长，你会感觉到自己能够根据自己的创意来拓展新的方向，我希望这本书可以助你实现这一点。如今制作一款适合当代的蛋糕比早前要容易得多，因为有很多现成的专业工具，省心省力。这些设备当然并非是必不可少的，但是它们绝对可以帮助你更加便捷地取得惊人的成果。

动手实验，创造出一些美妙而独特的作品来吧！从周围的世界中寻找灵感，根据本书中教授的详细技艺，将你的创意成功地转化为精美的蛋糕和饼干。好好享受你的蛋糕装饰过程，祝你玩得愉快！

★ 如何使用本书

本书的入门章节中介绍了制作蛋糕的所有基础知识，包括设备、蛋糕和糖膏配方、给蛋糕和饼干盖糖膏、层叠和切割蛋糕。本书的主要部分为入门章节之后的技艺章，每章重点介绍一个蛋糕装饰的知识。每章节中都包含多个样例，你可以从中获得灵感，而且，其中还包括一个使用该章中一个或多个技艺的主蛋糕。在本书的最后有一个专门的样例章，其中列出了创造本书中所有蛋糕和饼干所使用的工具和设备，并简短地描述了所采用的技艺。

准备和计划

虽然你可能已经迫不及待地想要开始试验本书中的糕点装饰技艺了，但是请花上一点儿时间阅读这一章节，让自己熟悉糕点装饰的基本知识。无论你使用何种技艺，熟悉这些内容将使你制作的糕点看起来更加专业。不要把所有事情都放到最后一分钟——提前计划好你的糕点装饰，并留出一些试验时间。

器具

在烘焙和装饰糕点的时候，你会发现很多器具十分有用。下面列出的是普通蛋糕的烘焙和装饰器具，后面则分别列出了烘焙纸杯蛋糕、迷你蛋糕和饼干所需的器具。某一特定技艺所需的器具，例如压花器、镂花模、塑型模具等可以在书中的相关章节找到。

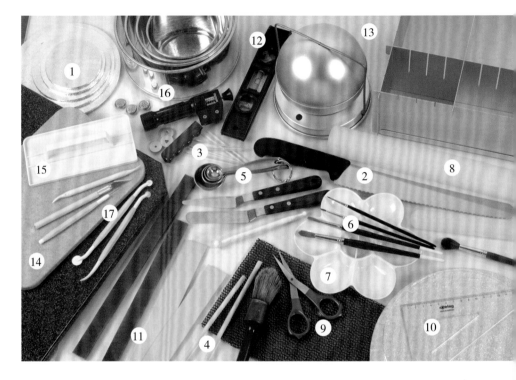

★用于普通蛋糕

1 蛋糕托
 ·厚底盘——12mm厚的托板，用来陈列蛋糕
 ·硬纸板——一块薄而坚固的纸板，通常和蛋糕大小相同，垫在蛋糕下面作为隔板并使层叠的蛋糕更加稳固

2 切刀——刀头长而尖的蛋糕刀，用来削平蛋糕和切出形状

3 取食签（牙签）——用作标记和转移少量的食用色膏

4 木钉——和硬纸板一起使用，以固定多层蛋糕

5 量勺——用于精确地量取配料

6 画笔——不同尺寸，用来点彩、涂绘或撒粉

7 调色盘——在绘画和撒粉之前用来调配食用色膏和色粉

8 擀面杖——用来擀制不同类型的糖膏

9 剪刀——用来剪出模板以及将糖膏修剪成型

10 三角板——用于精确对齐

11 隔条——1.5mm和5mm厚的两条，擀面的时候用

12 水平仪——用于检查木钉是否垂直，蛋糕顶部是否水平

13 蛋糕模——用于蛋糕烘焙，有各种尺寸的球形和圆形

14 不粘砧板——擀面用

15 整平器——用来把糖皮表面抹得光滑、平整

16 糖艺冲压器和冲压片——用来压出形状均匀的造型膏

17 整型工具
 ·球形工具（FMM）——使糖膏形成均匀的凹痕，使花瓣的边缘柔和
 ·美工刀——用于精细的切割工作
 ·切割轮刀（PME）——代替一般的刀使用，切割的时候可避免拖动糖膏
 ·刻纹工具——用于在糖膏上做印记
 ·抹刀——用来切糖膏和抹开蛋白糖霜
 ·车线工具（PME）——用于制作出缝线的效果
 ·划线器（PME）——用于在模板周围划线、挑破糖膏中的气泡和移除小部分的糖膏

★用于纸杯蛋糕

1 纸杯模
2 纸杯蛋糕烤模
3 纸杯蛋糕包装纸
4 纸杯蛋糕盒
5 大裱花嘴
6 圆形面团切模
7 格架

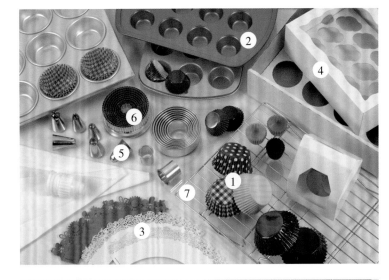

★用于迷你蛋糕

1 多个迷你蛋糕模
2 小型硬纸板蛋糕托
3 格架
4 烘焙纸

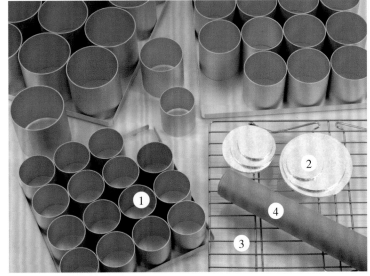

★用于饼干

1 饼干切模
2 烤盘
3 格架
4 大抹刀
5 透明的饼干袋

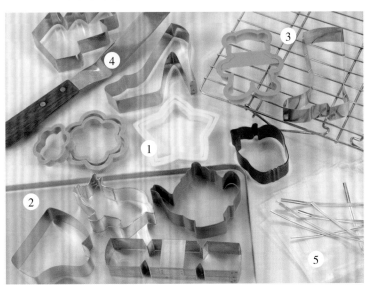

计量换算

习惯使用量杯的人请参照下表进行换算（1大匙=15ml；澳大利亚的1大匙=20ml）。

★黄油 100g=1条
　225g=1杯
　25g=2大匙
　15g=1大匙
★细砂糖 200g=1杯
　25g=2大匙
★椰丝（烘干、未加糖）
　75g=1杯
　4大匙=25g
★干果1杯=金黄色小葡萄干
（currant）225g、大葡萄干
（raisin）150g、黑色小葡萄干
（sultana）175g
★面粉 150g=1杯
★糖渍樱桃 225g=1杯
★糖粉 115g=1杯
★液体 250ml=1杯
　125ml=0.5杯
★坚果碎或坚果粉 115g=1杯
★绵红糖 115g=1杯

裱花嘴

本书中使用了以下裱花嘴。不同厂商生产的裱花嘴号可能有所不同，因此以裱花嘴的直径为准。

裱花嘴号（PME）	直径
0	0.5mm
1	1mm
1.5	1.2mm
2	1.5mm
3	2mm
4	3mm
16	5mm
17	6mm
18	7mm

垫烘焙纸

　　虽然市面上有很多种蛋糕脱模喷剂，但是我更喜欢在蛋糕模中垫上烘焙纸的传统方法。在蛋糕模中齐整地铺上烘焙纸，能够防止蛋糕粘在模具上，确保蛋糕保持良好的形状。使用专为该目的设计的优质烘焙纸。将烘焙纸紧贴着模具的内壁直立放置，尽量减小之间的空气间隔。烘焙纸的上边要折叠起来，以防止它跑到蛋糕里面去。

立边蛋糕模

★正方形、长方形和多边形
量一下蛋糕模的周长，剪取一条比它稍长一些的烘焙纸，以使其部分重叠。烘焙纸的高度比蛋糕模的高度高5cm，在底部向上折叠2.5cm。将纸条沿着蛋糕模的内边放置，在拐角处折出折痕，然后将底部折叠的部分在折痕处剪开，使它能够在模底形成夹角。在蛋糕模里涂油，然后将烘焙纸放进去，折叠模底的部分（图A）。再剪一张适合模底大小的蛋糕纸。

★圆形和其他曲线形状
垫烘焙纸的方法大致同上，但是将纸张的折叠部分斜向剪开，以使它能够紧密地与蛋糕模的内壁贴合（图B）。

多个迷你蛋糕模
在烤盘上铺一张方形的烘焙纸，然后剪一些比迷你蛋糕模的周长稍长、高度稍高的烘焙纸。将剪好的纸条放入迷你蛋糕模里，使两边有一小部分的重叠（图C）。

球形蛋糕模

剪两张圆形的烘焙纸：10cm的球形蛋糕模剪15cm的烘焙纸；13cm的蛋糕模剪20cm的烘焙纸；15cm的蛋糕模剪25.5cm的烘焙纸。将剪好的圆对折两次，以找到圆心。打开之后，沿着半径向圆心处剪开。在蛋糕模里和烘焙纸上涂油，将烘焙纸涂过油的一面朝下放入蛋糕模中。将剪好的各部分重叠，使烘焙纸与蛋糕模紧密贴合（图D）。

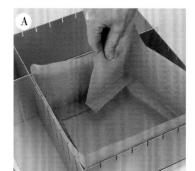
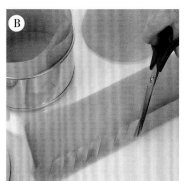

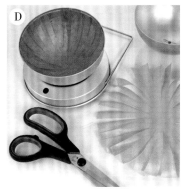

烘焙蛋糕

以下是一些我亲身试验过的巧克力蛋糕、水果蛋糕和马德拉蛋糕配方。多层蛋糕可以使用同一种蛋糕，也可以在不同的层使用海绵蛋糕和水果蛋糕。

巧克力蛋糕

这款巧克力蛋糕味道浓厚、口感湿润，但是又很牢固，十分适用于切割形状和使用糖膏进行装饰。这个配方的秘诀在于使用的是可可固形物含量较高的优质巧克力。不要使用那种便宜、可可含量低的巧克力，也不要使用超市出售的烘焙巧克力，否则就无法获得这种蛋糕所需的深厚风味。这款蛋糕最长可以存放两周的时间。

巧克力蛋糕配方

蛋糕尺寸		纯（半甜）巧克力	无盐（甜）黄油	细砂糖	鸡蛋（大）	糖粉	自发粉	烘焙时间（180℃）
10cm 圆形/球形	7.5cm 方形	75g	50g	40g	2	15g	40g	30~45分钟
13cm 圆形	10cm 方形	125g	75g	50g	3	20g	75g	45分钟~1小时
15cm 圆形	13cm 方形	175g	115g	75g	4	25g	115g	45分钟~1小时
18cm 圆形	15cm 方形	225g	175g	115g	6	40g	175g	1~1.25小时
20cm 圆形	18cm 方形	275g	225g	150g	8	50g	225g	1~1.25小时
23cm 圆形	20cm 方形	425g	275g	175g	10	70g	275g	1.25~1.5小时
25.5cm 圆形	23cm 方形	500g	350g	225g	12	75g	350g	1.5~1.75小时
28cm 圆形	25.5cm 方形	550g	450g	275g	16	115g	450g	1.75~2小时
30cm 圆形	28cm 方形	675g	550g	375g	20	125g	550g	2~2.25小时
33cm 圆形	30cm 方形	850g	675g	450g	24	150g	675g	2.25~2.75小时
35.5cm 圆形	33cm 方形	1kg	800g	500g	28	200g	800g	2.5~2.75小时

1 将烤箱预热至180℃。在蛋糕模里涂油，垫好烘焙纸。

2 将巧克力融化，放在耐热的碗里隔水加热或者用微波炉加热均可。将黄油和糖在大碗里打发，直到其轻盈蓬松、颜色变浅。

3 将鸡蛋的蛋清和蛋黄分离。在黄油里将蛋黄逐个加入，然后再倒入融化好的巧克力。在另一个碗里打发蛋清，直到形成软的尖角。将糖粉分次添加到蛋清里。

4 将面粉过筛，放入另一个碗里，然后用1个大金属勺将面粉和打发的蛋清交替地切拌到巧克力和蛋黄的混合物中。

5 将拌好的蛋糕液倒入铺好烘焙纸的模具中，放入烤箱烘焙。烘焙时间取决于你的烤箱、使用的蛋糕模以及蛋糕的高度。对于小蛋糕，我一般会在30分钟之后检查，中等蛋糕1个小时之后检查，大蛋糕2个小时之后检查。蛋糕很好地升起，轻按时感觉坚固，表面稍微向中间倾斜，这时就已经烤好，可以取出了。

6 从烤箱中取出蛋糕之后，让它在烤模中完全冷却，然后脱模，将蛋糕和烘焙纸一起用锡纸包裹，或者置于密封的容器里，放置至少12个小时，让蛋糕充分稳定之后再切。

水果蛋糕

味道丰美的水果蛋糕是很棒的传统蛋糕，充满各种果脯和果干，通常包含一定的酒精、干果以及各种香料。制作水果蛋糕所使用水果的质量对蛋糕的口味会有很大的影响，因此，在采购时请货比三家，挑选最好的那种。需要自己切丁制作的糖渍橘皮尝起来总是会更加美味！

水果蛋糕应该陈放至少1个月，使它的风味更加成熟。水果婚礼蛋糕的陈放时间一般至少为3个月，这样它们会有更加成熟的口味，并且能够干净地切成小块。陈放时间短的水果蛋糕虽然也很美味，但是很难切得整齐，如果是普通的家庭生日聚餐的话没什么关系，但是对婚礼来说，就有些美中不足了。

水果蛋糕配方

蛋糕尺寸	10cm圆形/球形 7.5cm方形	13cm圆形 10cm方形	15cm圆形 13cm方形/球形	18cm圆形 15cm方形	20cm圆形 18cm方形/15cm球形	23cm圆形 20cm方形	
黑色小葡萄干（sultana）	50g	75g	115g	175g	225g	275g	
金黄色小葡萄干（currant）	50g	75g	115g	175g	225g	275g	
大葡萄干（raisin）	50g	75g	115g	175g	225g	275g	
糖渍橘皮丁	25g	40g	50g	75g	115g	150g	
白兰地	7.5ml（1.5茶匙）	11.5ml（2.25茶匙）	15ml（1大匙）	25ml（1.5大匙）	30ml（2大匙）	37.5ml（2.5大匙）	
中筋面粉	50g	75g	115g	175g	225g	275g	
杏仁粉	15g	20g	25g	40g	50g	70g	
混合香料（苹果派）	1.5ml（1.25茶匙）	2.5ml（0.5茶匙）	2.5ml（0.5茶匙）	3.5ml（0.75茶匙）	5ml（1茶匙）	6.5ml（1.25茶匙）	
黄油	50g	75g	115g	175g	225g	275g	
绵红糖	50g	75g	115g	175g	225g	275g	
鸡蛋	1	1.5	2	3	4	5	
黑糖浆（糖蜜）	2.5ml（0.5茶匙）	5ml（1茶匙）	7.5ml（1.5茶匙）	15ml（1大匙）	15ml（1大匙）	20ml（4大匙）	
香草精	几滴	1.5ml（0.25茶匙）	1.5ml（0.25茶匙）	2.5ml（0.5茶匙）	2.5ml（0.5茶匙）	3.5ml（0.75茶匙）	
糖渍樱桃	25g	40g	50g	75g	115g	150g	
杏仁碎	15g	20g	25g	40g	50g	70g	
柠檬皮和柠檬汁	0.25	0.35	0.5	0.75	1	1.25	
烘焙时间 150℃	30分钟	30分钟	50分钟	1.5小时	1.75小时	2小时	
120℃	30分钟	1小时	1小时40分钟	2.25小时	2.5小时	3.25小时	
合计	1小时	1.25小时	2.5小时	3.25小时	4小时	5小时	

1 将黑色小葡萄干（sultana）、金黄色小葡萄干（currant）和大葡萄干（raisin）以及橘皮放在白兰地（或果汁）中浸泡一夜。

2 将烤箱预热至150℃。将面粉、香料和杏仁粉过筛后放入碗里。在另一个碗里将黄油加糖打发，直到其轻盈蓬松、颜色变浅。注意不要打发过头。

3 将鸡蛋、糖浆和香草精混合在一起，然后分数次倒入打发的黄油中搅拌均匀，一次加一点儿，每次加完后都加1勺面粉。

4 将糖渍樱桃沥干水分，切成小丁。把它同柠檬皮、柠檬汁、杏仁碎以及少量面粉一起加入葡萄干中。将剩下的面粉切拌到打发的黄油混合物中，然后再将干果混合物拌入。如有需要，可添加一些白兰地或牛奶。

5 将混合好的蛋糕液舀入已铺好烘焙纸的蛋糕模中，把表面弄平整，然后使中间稍微下凹一些。在蛋糕模的外面裹上两层牛皮纸或报纸，防止蛋糕在烘焙时烧焦，并在烤箱中放1碗水，以使蛋糕保持湿润。

6 按照规定的时间进行烘焙，然后将烤箱调为120℃，再按照规定的时间烘焙。蛋糕按起来感觉坚固，表面稍微向中间倾斜，这时就已经烤好，可以取出了。让蛋糕在模具中充分冷却。

7 脱模之后，保留垫纸，先用烘焙纸、再用锡纸包裹蛋糕，千万不要只用锡纸包裹蛋糕，否则果酸将会腐蚀锡纸。包好之后置于凉爽干燥的地方。

25.5cm圆形 23cm方形	28cm圆形 25.5cm方形	30cm圆形 28cm方形	33cm圆形 30cm方形	35.5cm圆形 33cm方形
350g	450g	550g	675g	800g
350g	450g	550g	675g	800g
350g	450g	550g	675g	800g
175g	225g	275g	350g	400g
45ml（3大匙）	6ml（4大匙）	75ml（5大匙）	90ml（6大匙）	105ml（7大匙）
350g	450g	550g	675g	800g
75g	100g	150g	175g	200g
7.5ml（1.5茶匙）	10ml（2茶匙）	12.5ml（2.5茶匙）	15ml（1大匙）	17.5ml（3.5大匙）
350g	450g	550g	675g	800g
350g	450g	550g	675g	800g
6	8	10	12	14
25ml（1.5大匙）	30ml（2大匙）	37.5ml（2.5大匙）	45ml（3大匙）	52.5ml（3.5大匙）
3.5ml（0.75茶匙）	5ml（1茶匙）	6.5ml（1.25茶匙）	7.5ml（1.5茶匙）	7.5ml（1.5茶匙）
175g	225g	275g	350g	400g
75g	100g	150g	175g	200g
1.5	2	2.5	3	3.5
2小时		2.5小时	2.75小时	3小时
4小时		6.25小时		7小时
6小时		9小时		10小时

小窍门

在蛋糕冷却时再添加一些白兰地。用串肉扦在蛋糕表面戳几个小孔，然后用勺子舀一些白兰地洒在上面。

13

马德拉蛋糕

一款质地坚实、口感湿润的蛋糕，可以根据个人喜好进行调味（见下文）。这款蛋糕十分适用于切割和用糖膏进行装饰，最长可存放两个星期。

小窍门

访问Lindy's Cakes博客，进行更深入的讨论，了解更多关于如何制作完美的马德拉蛋糕的窍门。

马德拉蛋糕配方

蛋糕尺寸		无盐（甜）黄油	细砂糖	自发粉	中筋面粉	鸡蛋（大）	烘焙时间（180℃）
10cm 圆形/球形	7.5cm 方形	75g	75g	75g	40g	1.5	45分钟~1小时
13cm 圆形	10cm 方形	115g	115g	115g	50g	2	45分钟~1小时
15cm 圆形	13cm 方形	175g	175g	175g	75g	3	1~1.25小时
18cm 圆形	15cm 方形	225g	225g	225g	125g	4	1~1.25小时
20cm 圆形	18cm 方形	350g	350g	350g	175g	6	1.25~1.5小时
23cm 圆形	20cm 方形	450g	450g	450g	225g	8	1.5~1.75小时
25.5cm 圆形	23cm 方形	500g	500g	500g	250g	9	1.5~1.75小时
28cm 圆形	25.5cm 方形	700g	700g	700g	350g	12	1.75~2小时
30cm 圆形	28cm 方形	850g	850g	850g	425g	15	2~2.25小时
33cm 圆形	30cm 方形	1kg	1kg	1kg	500g	18	2.25~2.5小时
35.5cm 圆形	33cm 方形	1.2kg	1.2kg	1.2kg	600g	21	2.5~2.75小时

1 将烤箱预热至160℃。在蛋糕模里涂上一层油，垫好烘焙纸（参见P10"垫烘焙纸"）。在蛋糕模的外面裹上两层牛皮纸或报纸，以防止蛋糕边缘形成硬皮、蛋糕顶部凸起，也可以使用专为此而设计的产品。

2 将黄油和糖在大碗里打发，直到其轻盈蓬松、颜色变浅（按照我的经验，用搅拌机大概需要5分钟的时间）。将自发粉和中筋面粉过筛，放入1个单独的碗里。

3 将鸡蛋在室温状态下逐个打成奶油状，每加1个鸡蛋后便舀入1勺面粉，以防止蛋液结块。将剩下的面粉筛入打好的蛋液中，用1个大金属勺小心地将其切拌均匀。如果是制作其他口味的马德拉蛋糕，可以把调味品也加进去。

4 将混合好的蛋糕液转移到已铺好烘焙纸的蛋糕模中，按照规定的时间进行烘焙。你可能需要保护一下蛋糕顶部，以防在烘焙时表面硬皮烤得太过——我一般是在整个烘焙过程中都在蛋糕上层放一个烤板。蛋糕烤好时，应该会很好地升起，按上去手感坚固，表面稍微向中间倾斜，这时就可以取出了。

5 让蛋糕在模具中充分冷却。脱模之后，保留垫纸，用锡纸包

裹蛋糕或者将蛋糕置于密封的容器里，放置至少12个小时，让蛋糕充分稳定之后再切。

调味

传统的马德拉蛋糕是柠檬口味的，但是它也可以制作成其他口味（以下是用于6枚鸡蛋配方的量，对于其他配方请适量增减）：

★柠檬味：2个柠檬的柠檬皮碎

★香草味：5ml（1茶匙）香草精

★樱桃味：350g糖渍樱桃，对半切开

★干果味：350g金黄色小葡萄干（currant）、大葡萄干（raisin）或红枣

★椰蓉味：110g无糖椰丝

★杏仁味：5ml（1茶匙）杏仁精和45ml（3大匙）杏仁粉

烘焙迷你蛋糕

迷你蛋糕制作起来十分有趣，并且很适合作为礼物送人。你可以将大蛋糕切成迷你蛋糕，也可以使用专门的蛋糕模（例如多个迷你蛋糕模），一次烘焙多个迷你蛋糕。

使用专门的蛋糕模

★ 你可以从本书所介绍的配方中选择一款迷你蛋糕的配方。给蛋糕模垫好烘焙纸（参见P10"垫烘焙纸"）。

★ 在每个迷你蛋糕模中倒入一半的蛋糕液。按照我的经验，最好的方法是把蛋糕液装到裱花袋里，然后把蛋糕液挤到每个迷你蛋糕模中。

★ 放入烤箱烘焙，所需的时间取决于蛋糕的种类以及模具的大小。举个例子，5cm的圆形海绵迷你蛋糕通常要烤15~20分钟，5cm的圆形水果迷你蛋糕需要1个小时的时间。

★ 让蛋糕在烤模中冷却。

小窍门

迷你蛋糕会很快变干，因此请尽量避免让它们暴露在空气中。

使用球形蛋糕模

怎样用球形蛋糕模烘焙蛋糕取决于蛋糕的种类：

水果蛋糕

将蛋糕液倒入球形蛋糕模的下半部分，形成中间凸起的样子。蛋糕液的顶部距离装好的球形模顶部应该为1~2cm。蛋糕在烘焙的过程中会升高，填满预留的这个小空间。

海绵蛋糕

球形海绵蛋糕要分成两半烘焙。烤好并冷却之后，以球形模的边缘为界，切掉多余的蛋糕，然后将两个半圆用奶油或巧克力酱粘在一起，以形成一个完美的球形。

15

修改配方剂量

如果你已经有了一款钟爱的蛋糕配方，想用这个配方来烘焙不同尺寸的蛋糕，参照下面的表格相应地更改剂量即可。

如何使用表格

这个表格是一款20cm（常规的尺寸）的圆形蛋糕的配方。因此，如果你想要制作一款25.5cm的圆形蛋糕，那么你所需要的剂量和时间便是基础配方的1.5倍。如果表格中没有你想要使用的蛋糕模尺寸（如预成型的烤模或椭圆形蛋糕模），你可以在20cm的蛋糕模里倒满水，对比一下这个非常规烤模所容纳的体积，然后按照需要将基础配方的剂量乘以或除以相应的系数。

多层蛋糕配方

蛋糕尺寸			需要乘以的系数
圆形	方形	球形	
7.5cm)			0.125
10cm	7.5cm	10cm	0.25
12.5cm	10cm		0.35
15cm	12.5cm	13cm	0.5
18cm	15cm		0.75
20cm	18cm	15cm	1
23cm	20cm		1.25
25.5cm	23cm		1.5
28cm	25.5cm		2
30cm	28cm		2.5
33cm	30cm		3
35.5cm	33cm		3.5

制作多层蛋糕的小窍门

★在制作多层蛋糕时，很常见的做法是每层都有不同的口味，让大家都能找到自己喜欢的那种。但是，你可能需要对蛋糕的烘焙尺寸稍作调整。例如，一个覆盖好的成品水果蛋糕会比相同尺寸的巧克力或马德拉蛋糕至少宽1cm，因为水果蛋糕多了一层杏仁蛋白糖。因此，我在制作水果蛋糕和马德拉蛋糕组成的多层蛋糕时，会烘焙一个更大尺寸的马德拉蛋糕，然后把它切小一些，以平衡两者的尺寸。

制作大型蛋糕的小窍门

★烘焙时间将取决于你的烤箱以及使用的蛋糕模和蛋糕的高度。

★在烘焙海绵蛋糕时，蛋糕模的外面需要包裹牛皮纸，就像烘焙水果蛋糕时那样，以防止蛋糕的边缘烤得太干。

★在蛋糕表面形成硬皮之后，在上方盖上一层牛皮纸或锡纸，或者直接在蛋糕上层放上一个烤板，防止蛋糕表面烤焦。

★检查一下你的烤箱是否可以容纳这么大的蛋糕。例如，Aga和Rayburn烤箱都不能烘焙超过30.5cm的蛋糕，一些这种尺寸的烤模根本没法放进去。

小窍门

访问Lindy's Cakes博客，了解更多关于修改自有配方的解释和讨论。

烘焙纸杯蛋糕

烘焙纸杯蛋糕应该十分有趣！首先，选择你的纸杯蛋糕模，然后选择一款配方。本书中的配方可以给你帮助和启发，而且任何蛋糕配方都行得通，因此请大胆尝试不同口味，创造自己独特的作品。这里有两款我最喜爱的纸杯蛋糕配方供参考。在我的另一本书《Bake Me I'm Yours… Cupcake Celebration》（D&C，2010）中可以找到更多的纸杯蛋糕配方。

粘糯姜味纸杯蛋糕

这是我一直以来最为钟爱的一款配方。我喜欢湿润美味的蛋糕，它完全符合我的要求，是一款十分美妙的温馨美食！这款纸杯蛋糕在一个星期内食用最佳。这个配方也可以用来制作13cm的圆形蛋糕（烘焙时间为1.25小时）。

原料 根据纸杯蛋糕模的大小，可制作15~20个

☆120g无盐（甜）黄油
☆100g绵红糖（糖蜜糖）
☆60ml（4大匙）金黄糖浆（玉米糖浆）
☆60ml（4大匙）黑糖浆（糖蜜）
☆150ml牛奶
☆2枚鸡蛋，打散
☆7.5ml（1.5茶匙）香草精
☆4块蜜饯姜，沥干糖浆并切碎
☆230g自发粉
☆1.5大匙姜粉
☆5ml（1茶匙）混合香料

1 将烤箱预热至170℃，在烤盘上排列好纸杯蛋糕模。
2 将黄油、糖、糖浆和糖蜜放在炖锅里，用小火加热至糖溶解。
3 倒入牛奶后搅拌均匀。
4 放凉之后，加入鸡蛋、香草精和蜜饯姜，搅拌均匀。
5 将面粉和香料过筛后放入碗里，中间做出坑。
6 分次将糖奶混合液倒到坑里，用木勺搅拌，直到均匀。
7 将混合好的蛋糕液倒入或者用漏斗漏到纸杯蛋糕模中。倒至七成满即可。
8 烘焙20分钟，用1根细的串肉扦插进去，如果取出来后是干的，就是已经烤好了。
9 让纸杯蛋糕晾5分钟，然后再转移到格架上彻底冷却。

成功烘焙纸杯蛋糕的小窍门

★使用最优质的原料。
★精确地度量出原料的量。
★在调配蛋糕液时，让所有的原料都处于室温状态。
★在放上纸杯模之前，先确保你的烤盘是绝对干净的。
★如果蛋糕液较稀，直接把它倒进纸杯模或者用漏斗漏进去。如果较稠，则用勺子把它舀进去。
★将烤箱预热，以正确的温度烘焙纸杯蛋糕。烤箱温度计可以很好地帮助你检查温度。
★如果烤箱温度不均匀，在烘焙的过程中可以将烤盘掉个头。
★带热风循环的烤箱可能会使小蛋糕很快变干，因此烘焙的温度要降低10℃。
★纸杯蛋糕必须完全放凉之后才能进行装饰。
★未装饰的纸杯蛋糕通常最多可以冷冻1个月。

橙香罂粟籽纸杯蛋糕

我是在前不久去澳大利亚的一趟授课之旅中爱上这款美味的蛋糕的，罂粟籽和橙皮的浓郁芳香和极佳口感让我欲罢不能！这种蛋糕比姜味蛋糕的保存时间稍长一些，但是在两个星期内食用最佳。这份配方也适用于13cm的圆形蛋糕（烘焙时间为1.5小时）。

原料 根据纸杯蛋糕模的大小，可制作15～20个

☆185g无盐（甜）黄油

☆160g细砂糖

☆100g橘子酱

☆1ml（0.25茶匙）杏仁精

☆2个橙子的橙皮

☆80ml橙汁

☆185g自发粉

☆60g杏仁碎

☆40g罂粟籽

☆50g杂果皮

☆2枚大鸡蛋，稍微打散

1 将烤箱预热至170℃，在烤盘上排列好纸杯蛋糕模。

2 将黄油、糖、橘子酱、杏仁精、橙皮和橙汁放在炖锅里，用小火加热并搅拌直至溶解，放凉。

3 将面粉过筛，同杏仁碎和罂粟籽一起放入碗里，加入杂果皮，然后在中间做出坑。

4 分次将放凉的混合液倒到坑里，搅拌至均匀。

5 加入蛋液，混合均匀。

6 将混合好的蛋糕液倒入或者用漏斗漏到纸杯蛋糕模中。大约倒至七成满即可。

7 烘焙20分钟，或者用1根细的串肉扦插进去，如果取出来后是干的，就是已经烤好了。

8 让纸杯蛋糕晾5分钟，然后再转移到格架上彻底冷却。

9 在盖糖膏之前先在上面刷一层橘味液体，例如君度橙酒（Cointreau）。

尝试其他配方

如果你决定尝试其他配方，以下是一些需要考虑的事项：

★ 每种蛋糕配方的蓬发程度各不相同，有些配方完全不会蓬发，有些则会发到两倍大小。因此，我建议你先在一批纸杯模中倒入不同量的蛋糕液，试试这个配方最适合倒几成满。

★ 典型的纸杯蛋糕烘焙时间为20分钟左右，但是每个烤箱情况不同，应该根据需要不断测试。

★ 记录一下纸杯蛋糕顶面的形状，有些蛋糕表面很平，有些则会拱得很高。在选择所使用的装饰类型时，表面形状是一个重要的考虑因素。

小窍门

去掉罂粟籽，将橙皮和橙汁换成柠檬皮和柠檬汁，便可制作成橙香蛋糕。

烘焙饼干

无论饼干装饰得多么漂亮，最基本的还是饼干本身的味道和形状。在选择配方的时候，需要重点考虑的一项是饼干可以保持形状，在烘焙时不会伸展太多。本书中的所有范例都可以使用下面的配方进行装饰。按照下面的小窍门，一起制作新鲜而美味的饼干吧。

香草饼

原料 根据饼干切模的大小，可制作15～20块

☆75g无盐（甜）黄油，切丁

☆1枚鸡蛋，打散

☆275g全筋面粉，过筛

☆30ml（2大匙）金黄糖浆（玉米糖浆）

☆5ml（1茶匙）发酵粉

☆100g细砂糖

☆2.5ml（0.5茶匙）香草精

1 将烤箱预热至170℃。
2 将干的原料都放到搅拌碗里。
3 放入黄油丁，用指尖揉搓，直到混合成面包碎屑的形状。
4 在中间做一个坑，倒入鸡蛋液、糖浆和香草精。
5 混合均匀，形成面团。
6 将面团装在保鲜袋中，放入冰箱冷藏30分钟。
7 在案板上稍微撒一些面粉，将面团放在上面擀成5mm厚，最好使用间隔条，然后用你所选择的饼干模切出形状。切下来的边角可以揉成面团重新擀平使用。
8 将切好的饼干放在烤板上，烘焙12～15分钟，直到颜色稍微变深，饼干变硬但未变脆。
9 让饼干在烤板上放置2分钟，然后再转移到格架上彻底冷却。

香橙饼

原料 根据饼干切模的大小，可制作15～20块

☆75g无盐（甜）黄油，切丁

☆75g绵红糖（糖蜜糖）

☆30ml（2大匙）蜂蜜

☆一个橙子的橙皮

☆10ml（2茶匙）橙汁

☆225g全筋面粉，过筛

☆5ml（1茶匙）小苏打粉

☆5ml（1茶匙）肉桂粉

1 将烤箱预热至170℃。
2 将黄油、糖、蜂蜜、橙皮和橙汁放到炖锅里，小火加热至糖溶解、黄油融化。
3 将面粉和其他粉过筛后放到碗里，倒入融化好的混合液。混合均匀，直到形成坚实的面团。
4 将面团装在保鲜袋中，放入冰箱冷藏40分钟。
5 在案板上稍微撒一些面粉，将面团放在上面擀成5mm厚，最好使用间隔条，然后用你所选择的饼干模切出形状。切下来的边角可以揉成面团重新擀平使用。
6 将切好的饼干放在烤板上，烘焙12～15分钟，直到颜色稍微变深，饼干变硬但未变脆。
7 让饼干在烤板上放置2分钟，然后再转移到格架上彻底冷却。

成功烘焙饼干的小窍门

★要使用最优质、最新鲜的原料。
★使用无盐（甜）黄油——涂抹黄油和低卡路里的抹酱可能会改变面团的稠度。黄油能使饼干的味道芳香，表皮的口感爽脆。
★在倒入混合液之前，先要将干的粉类充分混合均匀。
★面团搅拌得不要过度，否则会变硬——只要搅拌到面粉刚好糅合进去即可。
★将饼干放在烤板上时，确保在饼干之间留出足够的空隙，因为它们在烤的过程中会变大一些。

★烘焙的同一批饼干大小尽量不要相差太多，否则小饼干会烤过头。
★将切好的饼干放在凉的烤板上烘焙。在烤下一批之前，将烤板转个方向，用水冲洗净并擦干水。
★注意烘焙时间。在最短的烘焙时间时检查一下饼干。即使是多烤一分钟也可能毁了整批饼干。
★饼干烤好之后放在格架上冷却，以防止它们变得潮湿。
★将饼干装在密闭的容器里，放入冰箱冷藏保存，最多可以放置一个月。

糖膏配方

本书中使用的大部分糖膏配方，无论是用于遮盖、造型还是装饰，都是很容易在家中自制的。请根据具体情况来使用可食用色膏给它们上色。

糖膏（翻糖）

糖膏用于盖在蛋糕或托板上，在大型超市和蛋糕装饰店中可以买到现成的糖膏，各种颜色一应俱全。自己制作也很容易，这样更加实惠。

原料 可制作1kg

☆60ml（4大匙）凉水

☆20ml（4茶匙/1小袋）鱼胶粉

☆20ml液体葡萄糖

☆125ml（1大匙）甘油

☆1kg糖粉，过筛，再加一些用来撒在案板上的糖粉

1 将凉水放在小碗里，撒上鱼胶粉，使其变湿软。将碗放在装有热水的炖锅里加热，注意不要让热水沸腾，直到鱼胶粉溶解。加入葡萄糖和甘油，搅拌均匀，形成流动的黏稠液体。

2 将已过筛的糖粉放入大碗里。在中间做出坑，慢慢地倒入混合好的液体，期间不断搅拌，混合均匀。

3 将混合好的原料倒在撒上了糖粉的案板上，揉搓至顺滑，如果糖膏变得太过黏稠的话，可以再撒一些糖粉。揉搓好的糖膏可以直接使用，或者用保鲜膜裹紧，放入保鲜袋中储存，用时再取出来。

造型膏（modelling paste）

造型膏用来在饼干上添加装饰。它可以很好地保持形状，比一般糖膏干燥之后更硬，因此可以造型多变。虽然市面上可以买到造型膏，但自己制作也十分简单，而且要便宜得多。我用的造型膏都是自制的。

原料 可制作225g

☆225g糖膏（翻糖）

☆5ml（1茶匙）黄蓍胶（gum tragacanth）

在糖膏中间做一个坑，放入黄蓍胶，揉搓均匀。装在保鲜袋里，让黄蓍胶发挥功效之后再使用。在大约1个小时之后糖膏开始发生变化，但最好是放置一夜。造型膏应该坚硬而柔韧，稍微有一些弹性。在使用时，将造型膏揉热，这样更容易造型。

★ 造型膏的小窍门

☆黄蓍胶是一种天然胶，可以从蛋糕装饰商店买到。

☆如果时间紧迫的话，可以使用CMC［纤维凝胶剂（Tylose）］来代替黄蓍胶。CMC是一种人工合成的胶，但是可以立刻生效。

☆将造型膏放进微波炉里加热几秒钟，使其变热，这样更容易使用。

☆如果你之前已经在糖膏里添加了很多色膏，导致糖膏很软，则需要额外增加一些黄蓍胶。

☆如果糖膏比较干脆易碎或者很难揉搓，可以加入一点儿白色植物油脂（起酥油）和少量水，然后揉搓至柔软。

奶油

奶油可以用来夹在两层蛋糕的中间，作为胶水将糖膏粘在蛋糕上，或者放在纸杯蛋糕上面做装饰配料。

★标准奶油

原料 可制作450g

☆110g无盐（甜）黄油

☆350g糖粉

☆15~30ml（1~2大匙）牛奶或水

☆几滴香草精或其他调味料

1 将黄油放在碗里，搅拌至轻盈、蓬松。

2 将糖粉过筛，加入碗里，继续搅拌，直到黄油改变颜色。

3 加入足够的牛奶或水，使奶油变成坚实但可以涂抹开的稠度。

4 加入香草精或其他调味料，然后将奶油装在密闭容器中保存，随用随取。

★瑞士蛋白奶油

个人认为这是最适合用于纸杯蛋糕的奶油，因为它味道没这么甜，而且具有漂亮的光泽。但是要注意，这种奶油在超过15℃时会变得不稳定，因此并不适合热天或温暖的气候！

原料 可制作500g

☆14枚大鸡蛋的蛋清

☆250g糖粉

☆250g无盐（甜）黄油，软化

☆几滴香草精

1 将蛋清和糖放在大碗里，置于炖锅中隔水小火加热。加热时进行搅拌，以防止蛋清被煮熟。

2 等到糖粉溶解之后，立即将碗取出，将蛋白打发到最大的体积，然后冷却大约5分钟。

3 加入黄油和香草精，继续搅打约10分钟。现在的混合物体积会减少一些，看起来有些结块，别慌，继续打，直到形成顺滑、轻盈、蓬松的质感。

4 此奶油可以在凉爽的室温下保持一两天的时间。不用的奶油可以放入冰箱保存，在使用前重新搅打即可。

★调味奶油

可以尝试用以下原料替代配方中的液体：

☆酒，例如威士忌、朗姆酒、白兰地

☆其他液体，例如咖啡、融化的巧克力、柠檬酱、新鲜的水果泥也可以添加：

☆坚果酱，可以制作果仁风味

☆其他调味品，例如薄荷、玫瑰精

糖花膏（flower paste）

糖花膏又叫花瓣膏（petal paste）或干佩斯（gum paste），可以从糖膏商店买到，用于制作精致的糖花。市售的糖花膏是白色的，也有各种其他颜色。产品也有多种可选，你可以尝试一些，看看最喜欢哪种。或者你也可以自己制作，但是比较花时间，而且你需要一台重型搅拌机。

原料 可制作500g

☆500g糖粉

☆15ml（1大匙）黄蓍胶

☆25ml（1.5大匙）凉水

☆10ml（2茶匙）鱼胶粉

☆10ml（2茶匙）液体葡萄糖

☆15ml（1大匙）白色植物油脂（起酥油）

☆1枚中等大小鸡蛋的蛋清

1 将重型搅拌机的搅拌碗抹好油（抹油是为了减少搅拌机的阻力），将糖粉过筛，和黄蓍胶一起加入搅拌碗里。

2 将水放在小碗里，撒上鱼胶粉，使其变湿软。将碗放在装有热水的炖锅里加热，注意不要让热水沸腾，搅拌至鱼胶粉溶解。加入葡萄糖和白色植物油脂（起酥油），继续加热，直到所有原料都融化并混合均匀。

3 将葡萄糖混合液和蛋清加入糖粉中。用低速搅打，直到混合均匀（这时应该是米黄色），然后以最高速度搅打，直到面膏变成白色，形成线状质地。

4 在手上涂油，然后从搅拌碗里取出面膏。先拉伸几次，然后再揉搓成一团。将其装在保鲜袋里，置于密闭容器中。糖花膏至少放置12个小时。

★糖花膏的使用小窍门

☆糖花膏在使用时干燥得很快，因此只切下你要用的量，剩下的糖花膏重新封好。

☆用手把糖花膏揉搓好。用手指捏时，如果它在你的手指之间"弹跳"，则可以使用了。

☆如果糖花膏变得太硬，容易碎，可以增加少量蛋清和白色植物油脂（起酥油）。油脂可以减缓干燥过程，蛋清可以使其更有弹性。

塑糖（pastillage）

这种糖膏用来制作超过蛋糕顶部或延伸到蛋糕边缘之外的糖板，也可以用来制作糖膏模。这种糖膏十分有用，因为它不像造型膏那样柔软，而是特别坚硬，并且不会像其他糖膏那样遇水即化。但是，塑糖很快就会结硬皮，一旦变干就会很脆。你可以购买塑糖粉，然后加水自己制作成塑糖。

原料 可制作350g

☆1枚鸡蛋的蛋清

☆300g糖粉，过筛

☆10ml（2茶匙）黄蓍胶（gum tragacanth）

1 将蛋清放到大搅拌碗里。一边搅拌一边添加足够的糖粉，直到混合成球状。把黄蓍胶也搅拌进去，然后把混合物倒在一个案板或工作台上，揉搓均匀。
2 把剩下的糖粉也添加到塑糖里，使它变得坚硬。将塑糖放到塑料袋里，置于密闭容器中冷藏保存，最多可保存1个月。

巧克力甘纳许

用于制作蛋糕的夹馅或涂抹在蛋糕表面。我喜欢用在纸杯蛋糕上。对于爱吃巧克力的人来说，这是必备品。用你可以采购到的最好的巧克力，制作出最棒的蛋糕装饰。

★黑巧克力甘纳许
原料
☆200g白巧克力
☆200ml高脂厚奶油（double cream）

★白巧克力甘纳许
原料
☆600g白巧克力
☆80ml高脂厚奶油

将巧克力同高脂厚奶油一起放在碗里，置于炖锅里隔水小火加热，融化之后搅拌均匀。或者也可以使用微波炉小火加热，每隔20秒左右搅拌一次。甘纳许在刚加热至稍微浓稠时便可直接倒在蛋糕上，也可以在晾凉之后使用抹刀将它抹在蛋糕上。在完全晾凉之后，可以将它充分打发，以形成更加轻盈的质地。

蛋白糖霜

蛋白糖霜可以用来进行镂印或更加精细的裱花。下面是这两种方法的配方。

★简易版蛋白糖霜
这是一种快速制作蛋白糖霜的方法，适用于时间很紧、只是想裱一点点小细节或者用于镂印的情况。

原料
☆1枚大鸡蛋的蛋清
☆250g糖粉，过筛

将蛋清放在碗里，稍微打匀，然后一边打一边逐渐加入糖粉，直至其顺滑光泽，并且形成柔软的尖角。

★专业版蛋白糖霜
这种方法稍微复杂一些，但制作的糖霜质量更好，适用于更加精细的裱花。确保使用的所有工具都干净无瑕，因为即使残留了少量的油脂也会影响糖霜的质量。

原料
☆90g蛋清（约3枚鸡蛋或等量干蛋白）
☆455g糖粉，过筛
☆5～7滴柠檬汁（用于新鲜鸡蛋）

1 提前一天将蛋清分离出来，用细筛或滤茶器过滤好，加盖放入冰箱冷藏，使蛋清变得更坚挺。
2 将蛋清放入电动搅拌器的碗里，拌入糖粉并加入柠檬汁。
3 将搅拌器设定为最低档，越慢越好，搅拌10～20分钟，直到蛋清形成柔软的尖角。具体时间取决于你的搅拌器。注意不要过度打发，你可以从碗里挑出一点儿糖霜，如果形成了较完整的尖角，则已经打发到位了。
4 装在密闭容器中，盖上盖子之前先在糖霜表面盖上一层保鲜膜，再放上一块干净的湿布，以防止糖霜表面结硬皮。盖上容器盖，放入冰箱保存。

小窍门
为了取得最佳效果，在使用蛋白糖霜时，应先将其恢复至室温。

胶类

你可以只是用水将糖膏装饰贴在蛋糕上，但是如果你想要粘贴得更加牢固，这里有两种介质选择：

★糖胶

这是一种制作起来快速简便的胶，是我的首选。将一块白色的造型膏切成小块，放到小容器里，再倒入开水。搅拌至造型膏融化，也可以先将造型膏放入微波炉加热10秒钟（以加速融化过程），然后再进行搅拌。搅拌会产生浓稠而强力的胶水，如果想要稀一些，再加一点水即可。如果需要更强力的胶水，可以使用塑糖代替造型膏作为基底，这样的胶水更适合精细的装饰。

★树胶（gum glue）

透明的树胶在市场上就可以买到，通常叫做可食用胶水。自己制作也很简单，而且便宜得多。基本原料是1份CMC（纤维凝胶剂）和20份温水，即相当于1.5ml（0.25茶匙）的CMC（纤维凝胶剂）和30ml（2大匙）的温水。将CMC（纤维凝胶剂）放入一个带盖的小容器里，加入温水，加盖之后充分摇匀。放入冰箱冷藏一夜，第二天早晨你就会得到一份浓稠的透明胶水，可以用来粘贴你的糖艺装饰。

饰胶（piping gel）

饰胶是一种多功能的透明凝胶，十分适合用于将糖膏贴在饼干上，可以增加光泽和颜色。饰胶在市场上就可以买到，但是也很容易制作。

原料

☆30ml（2大匙）明胶粉
☆30ml（2大匙）凉水
☆500ml金黄色糖浆（玉米糖浆）

将凉水放入小炖锅里，撒上明胶粉，放置大约5分钟的时间。小火加热，直到明胶粉变得透明并完全溶解（不要让它沸腾）。加入糖浆，稍微搅拌一下。晾凉之后冷藏保存，最多可放置两个月。

白色植物油脂（起酥油）

这是一种固体状的白色植物脂肪（起酥油），人们一般对它们的品牌名比较熟悉：在英国是Trex或White Flora，在南美是Holsum，在澳大利亚是Copha，在美国是Crisco。这些产品在蛋糕制作中基本上是可以相互替代的。

杏桃果胶（apricot glaze）

这种果胶传统上是用来将杏仁膏（marzipan）粘在水果蛋糕上的。你也可以使用其他的酱或果胶，例如苹果酱。如果杏仁膏是用在巧克力蛋糕上，搭配红醋栗酱会十分美味。

原料

☆115g杏桃酱
☆30ml（2大匙）水

将杏桃酱和水放在平底锅里。小火加热直到杏桃酱融化，然后煮开30秒。如果里面有果肉残留，用筛子过滤。趁热使用。

给蛋糕和托板盖糖膏

下面介绍为蛋糕、纸杯蛋糕、饼干和蛋糕托板盖糖膏的方法。通过练习，很快你就会发现自己也能够制作出完全平整的成品了。

平切蛋糕

制作一个精致的蛋糕基底是创造成功作品的重要步骤。根据蛋糕的种类不同，可分为两种方法：

方法1
沿蛋糕边缘立一把直角尺，用较锋利的小刀在所需的高度（7~7.5cm）处划一条线。用一把大的锯齿刀沿着所标记的线横切蛋糕，以去掉硬皮的拱顶。

方法2
在烘焙蛋糕的蛋糕模底部放一个蛋糕托板，这样一来，蛋糕放在上面的时候，顶部就会从蛋糕模上面凸出来。用一把锋利的长刀挨着蛋糕模将凸出的拱顶切掉（图A）。这样可以确保蛋糕表面完全水平。

给蛋糕夹馅

本书中使用的蛋糕配方并不需要另外夹馅。但是，很多人喜欢在海绵蛋糕中加一层果酱或奶油。如果想要夹馅，将蛋糕水平地切成几层，在各层中间涂上想要的馅料即可（图B）。

杏仁膏和糖膏

蛋糕尺寸			
圆形	方形	球形	杏仁膏和糖膏的量为5mm厚度
7.5cm			275g
10cm	7.5cm	10cm	350g
12.5cm	10cm		425g
15cm	12.5cm	13cm	500g
18cm	15cm		750g
20cm	18cm	15cm	900g
23cm	20cm		1kg
25.5cm	23cm		1.25kg
28cm	25.5cm		1.5kg
30cm	28cm		1.75kg
33cm	30cm		2kg
35.5cm	33cm		2.25kg

注：此为一个蛋糕中杏仁膏和糖膏的量。如果制作多个蛋糕，所需的量与个数并不是成正比，因为你可以回收利用那些切边。

冷冻蛋糕

将你的蛋糕冷冻起来，这样能切得更利落，而且不会掉屑或散开。蛋糕冷冻的硬度取决于冰箱的设定，因此，在切之前可能需要先拿出来解冻一段时间。

给蛋糕盖杏仁膏

在给水果蛋糕盖糖膏之前，应该先盖上一层杏仁膏，这样不仅可以添加风味、保持水分，还能防止糖膏被水果染上颜色。

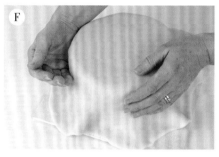

1 将蛋糕取出来，用擀面杖在表面擀一擀，使其更平贴一些。将蛋糕放在一个盖了银纸的蛋糕托板上，在蛋糕表面盖上一层很薄的杏仁膏，然后用擀面杖将上面擀平（图C，这是为了防止水果中的酸溶解托板上的银纸。如果蛋糕在盖好糖衣之后要保存一段时间，这一点尤其重要）。

2 将蛋糕翻转过来，使平整的一面（底面）朝上。把蛋糕放在一个盖有蜡纸的蛋糕托板上，切掉多余的杏仁膏。

3 将杏仁膏揉搓至柔软（见下面的小窍门）。

4 在蛋糕底部的间隙里刷进一些热的杏桃果胶。擀一条香肠状的杏仁膏，将它围绕在蛋糕的底部，用整平器将它压到蛋糕下面，以填满空隙（图D）。

5 在蛋糕上刷一些热的杏桃果胶，用小块的杏仁膏填满蛋糕上的小孔。把杏仁膏放在5mm的间隔条中间，擀开，用糖粉或白色植物油脂（起酥油）来防止其粘在案板或工作台上。在擀的时候，要不时地将杏仁膏转动一下方向，以保持合适的形状，但是不要翻面。

6 将擀好的杏仁膏放在擀面杖上，然后转移到蛋糕上（图E）。用整平器挤掉杏仁膏下的气泡，把蛋糕表面整理平整，然后用手作杯子状，轻轻地将杏仁膏从蛋糕边缘压到侧面去，手移开时要抚平杏仁膏上的褶皱（图F）。用手掌把顶面的曲边整理平整，再用整平器把侧面也压平。

7 将整平器沿着蛋糕边缘压下，切掉多余的杏仁膏，以形成齐整的边缘（图G）。让杏仁膏在温暖干燥的地方放置24～48小时，待其变硬之后再进行进一步的装饰。

杏仁膏的小窍门

★ 选择质地顺滑、杏仁含量高（至少23.5%）的白色杏仁膏。

★ 在擀杏仁膏时，不要使用添加了玉米淀粉的糖粉，否则可能会导致发酵。

★ 确保吃蛋糕的人不会对坚果过敏（这是十分重要的），因为坚果过敏症的病征很严重，甚至可能致命。

小窍门

杏仁膏不能擀过头，否则会擀出油，并且会改变杏仁膏的稠度。

给蛋糕盖糖膏

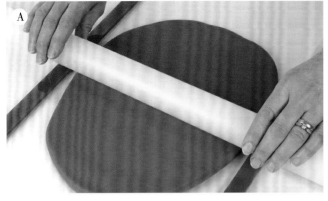

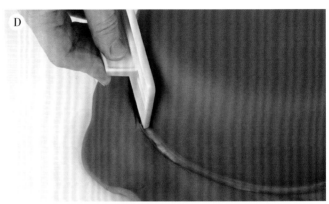

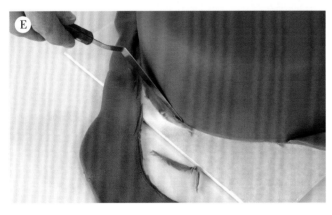

1 如果是水果蛋糕，可以在杏仁膏表面均匀地涂上一层透明的酒，如杜松子酒或伏特加，以防止在糖膏下面形成气泡。如果是海绵蛋糕，可以将蛋糕放在一个与蛋糕同样大小的硬纸板蛋糕托上，然后放在蜡纸上。在蛋糕上薄薄地涂上一层奶油，以填满表面的小孔，还能帮助糖膏粘在蛋糕表面。

2 将糖膏揉搓至温热、柔软。在案板上抹一点儿植物油脂（起酥油），不要用糖粉，因为油脂可以很好地防止粘连，而且不会像糖粉一样使糖膏变干或者在糖膏上留下印记。将糖膏擀成5mm厚，用间隔条来确认是否擀得均匀（图A）。

3 小心地将擀好的糖膏转移到蛋糕上方，用擀面杖作为支撑，让糖膏盖在蛋糕表面（图B）。用整平器将蛋糕的表面整理平整，修理好凹凸不平的地方。用手掌将顶部边缘整理平整。

在修整蛋糕之前，一定要确保你的手是干净、干燥的，而且蛋糕上面没有任何蛋糕屑。

4 用手作杯子状往下压，使蛋糕边缘的糖膏贴合蛋糕的形状（图C）。不要压平糖膏上的褶皱，而是将它们打开，然后再把糖膏整理贴合，直到蛋糕完全被盖好。用整平器把侧面压平。

5 用整平器一边压，一边沿着蛋糕边缘印出一条线（图D）。用抹刀沿着那条线切掉多余的杏仁膏（图E），以形成齐整平滑的边缘（图F）。

26

给蛋糕盖糖膏时形成鲜明的边角

有时候你可能想要让蛋糕拥有鲜明的边角，就像"镂印"章节中的堆叠帽盒蛋糕一样。要想取得这种效果，你需要用几块单独的糖膏盖在蛋糕上，以保持棱角。当然，这也会产生相应的接口，因此请仔细考虑是将接口放在蛋糕的侧面还是顶面。堆叠帽盒蛋糕的接口是在侧面，因为它可以被盒盖的边缘遮盖住。因此，需要先给蛋糕侧面盖糖膏，再给顶部盖。

★侧面

1 将糖膏揉热，然后搓成一条和蛋糕周长相等的香肠状。将其放在案板上，擀成5mm厚，并且宽度要超过蛋糕的高度。将边缘切平。

2 在蛋糕侧面薄薄地刷上一层奶油。小心地将糖膏像绷带一样卷起来，然后放至蛋糕侧面，展开，使一边同蛋糕的底面齐平（图G）。用整平器将糖膏表面压平。

3 粗略地用剪刀将多余的糖膏剪掉。注意，你只是去掉多余的重量，无需剪得很平整。

4 将整平器放在糖膏的表面，使其部分高出蛋糕的边缘，然后用一把抹刀压在蛋糕上，抵住整平器，切掉多余的糖膏（图H）。

★顶面

1 再擀出一些糖膏，用来遮盖蛋糕的顶面。用剪刀粗略地剪掉多余的糖膏。

2 将整平器放在糖膏的表面，使它稍微超出蛋糕的边缘，然后用一把抹刀从蛋糕侧面抵着整平器，整齐地切掉多余的糖膏（图I）。

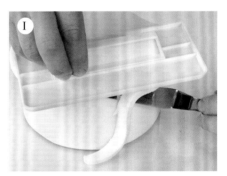

给球形蛋糕盖糖膏

1 将蛋糕放在蜡纸上，然后涂上奶油或杏仁蛋白糊。

2 将糖膏擀成5mm厚，最好是擀成一个直径等于蛋糕周长的圆形。将糖膏放到球形蛋糕上（图J），使蛋糕的底部相贴合，并且拉出多余的部分，形成2~4个摺（图K）。用剪刀把褶子剪掉，然后将接口处修平整（图L）。利用手的热度可以很容易地使接口消失。

3 修剪掉蛋糕底部多余的糖膏。在用手抹掉接口之后，再用整平器垂直地在糖膏表面抹动，以使表面更平整（图M）。这需要花一些时间，但只要你不停地修整糖膏，它就不会变干。修整好之后，放置一段时间，让它变干燥。

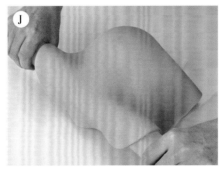

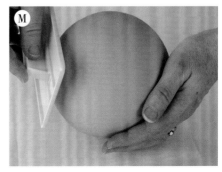

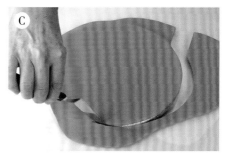

给托板盖糖膏

蛋糕托板盖上糖膏之后就成了你的画布，你可以在上面增加装饰，以补充和增强你的蛋糕装饰。

1 将糖膏放在间隔条中间，擀成4mm厚。
2 用水或糖胶沾湿托板。将擀好的糖膏用擀面杖抬起来，披盖到托板上（图A）。用整平器在糖膏上画圈，使其表面变得光滑、平整（图B）。
3 用一把曲柄抹刀将糖膏切得和托板边缘齐平，注意要使边缘垂直（图C）。盖好糖膏的托板，最好放置一夜，以使其彻底干燥。

给托板的侧面也盖上糖膏

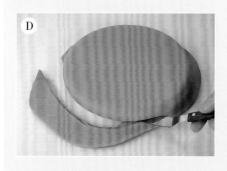

要想给托板的表面和侧面都盖上糖膏，就像"裱花"章节中的桃红诱惑蛋糕那样，首先在蛋糕托板下面放一块更小的托板，以使其离开案板。擀好糖膏，放到托板上。用整平器在上面画圈，以使表面平整，然后用你的手掌将边缘压平滑。用一把曲柄抹刀将糖膏切成与托板的下边缘齐平，注意要水平地切（图D）。最后放在一旁晾干。

给迷你蛋糕盖糖膏

给迷你蛋糕盖糖膏的方法和标准蛋糕完全一样，只不过尺寸变了而已。你会发现糖膏更容易起褶子，因此记得要把所有褶子都打开（图E），然后再把糖膏压得更贴合蛋糕形状（图F）。你可能还会发现蛋糕底部的糖膏比顶部要厚一些，想要解决这个问题，用两个直边的整平器将蛋糕卡在中间旋转，以将糖膏压均匀，并确保蛋糕的侧面垂直（图G）。

小窍门

如果在糖衣下面有气泡，可以用划线器或者干净的珠头针斜插进气泡里，然后挤出空气。

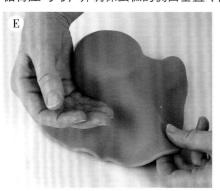

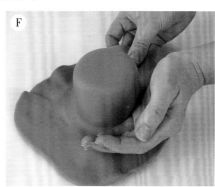

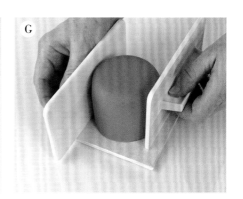

给纸杯蛋糕盖糖膏

在给纸杯蛋糕盖糖膏之前，需要先做一些准备工作。并非所有出炉的纸杯蛋糕都是完美的，有些是需要用锋利的小刀修整一下，有些则需要用合适的糖衣补足一下。

1 检查每个纸杯蛋糕，确保装饰糖膏可以按照你想要的方式安置在上面，并对那些有问题的蛋糕进行修整。

2 糖膏可能需要一点其他的工序才能固定在纸杯蛋糕上，因此请先在上面刷上适当的糖浆或酒，也可以薄薄地涂一层奶油或甘纳许，这样还能给蛋糕增加一些风味。

3 将糖膏揉搓至温热、柔软。在案板上稍微抹一些白色植物油脂（起酥油，不要用糖粉），然后将糖膏放在上面，擀成5mm厚。最好使用间隔条，这样可以确保厚度均匀（图H）。

4 用大小合适的切模将糖膏切成圆形。圆形的大小取决于纸杯模的大小以及蛋糕顶部的拱起程度。

5 用抹刀小心地将切好的圆形糖膏放置到每只纸杯蛋糕上（图J）。用手掌使糖膏更加贴合于纸杯蛋糕，必要时把边缘压进去。

给饼干盖糖膏

糖膏是十分优秀且造型多变的饼干装饰材料，能给你极大的空间，可以充分发挥你的创造力。

1 在案板上抹上白色植物油脂（起酥油），以防止糖膏粘在案板上。将糖膏搓热之后再使用。

2 将揉搓好的糖膏擀成5mm厚，然后用制作饼干时的切模切出形状（图K）。去除多余的糖膏。

3 在烤好的饼干上涂上饰胶（图L），也可以用奶油或煮开的果酱作为胶水。小心地用抹刀将切好的糖膏撩起后放到饼干表面，注意不要使它变形（图M）。如果饼干切模在糖膏形状上留下了毛边，应用手指将其压好之后再放到饼干上。

4 用手指沿着糖膏的边缘按压一圈，使其形成圆滑、柔和的弧度。

小窍门

如果你只给饼干的一部分盖糖膏，则只在那一部分涂饰胶即可。

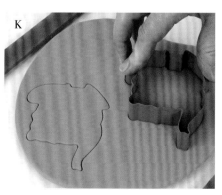
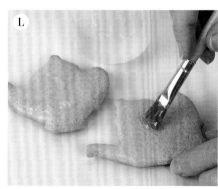
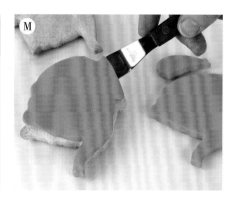

层叠蛋糕

多层蛋糕就像楼房一样，需要有一些内部结构来防止它倒塌。这个隐藏在内部的结构必须正确地"建造"，才能承受住施加在上面的重量。因此，请仔细按照下面的说明操作，花时间做好这一步是绝对值得的。

给蛋糕装暗钉

通常除了最顶层，其他每层蛋糕都需要装暗钉来提供支撑。

1 将要层叠的蛋糕放在和它同样大小的硬质蛋糕托板上，并用糖膏盖好每层蛋糕，这样可以确保托板不被看见，又能使层叠蛋糕更稳定。

2 为了给蛋糕提供支撑，除了最顶层的蛋糕之外，其他每层都需要插入暗钉。在底层蛋糕上的中间位置放一块和上层蛋糕同样大小的托板。沿着托板的边缘在上面画出可见的轮廓线（图A）。

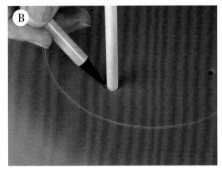

3 在划出的圆圈里、距离边缘2.5cm处垂直插入一根木钉，直到木钉碰到下层的托板。在木钉上用小刀或铅笔做个记号，标明精确的高度（图B），然后取出木钉。

4 将4根木钉用胶带固定在一起。然后根据之前插入那根木钉上的标记，在4根木钉上都画一条切割线，线要和木钉垂直（可以使用直角尺，图C）。接下来，用小锯子将木钉锯开。

5 将一根木钉放回到之前的测量洞里，再把其他3根垂直地在3点、6点和9点钟的方向垂直地插入蛋糕中（图D）。

6 对除了顶层之外的其他层蛋糕重复步骤1~5。一定要确保所有的木钉都垂直插入，长度相等且顶部齐平。

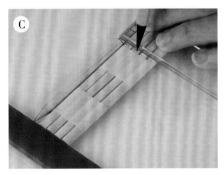

给歪斜蛋糕装暗钉

给歪斜蛋糕装暗钉时，对于每根木钉的高度都需要测量，并且必须按照蛋糕的倾斜角度斜着锯，这样才能与糖膏齐平。我是使用管道钳来切割木钉的。

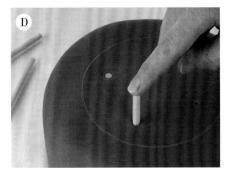

层叠蛋糕

在层叠之前，先盖好糖膏，并装好暗钉。在底层蛋糕上划线的区域里抹上15ml（1大匙）的蛋白糖霜，然后把上层蛋糕按照划线位置放在上面。剩下的几层也重复该步骤。

储藏

　　以下因素会对装饰好的蛋糕和饼干造成影响。因此，尽量避免蛋糕和饼干接触到它们。

☆阳光会使糖衣褪色、变色，因此请将装饰好的蛋糕和饼干避光存放。

☆潮湿会给造型膏和塑糖装饰带来十分严重的破坏，导致糖衣变软，如果没有支撑，还会塌陷。潮湿还会使深色渗透到浅色里，使银色装饰（无论可食用与否）失去光泽。

☆热量会导致糖衣融化，特别是奶油，而且会阻碍糖膏表面变硬。

★ 纸杯蛋糕

将已经晾凉的纸杯蛋糕放在密闭的容器中，置于室温下保存，装饰时再取出。装饰纸杯蛋糕的时间距离食用时间越近越好，这样可以放置蛋糕变干。如果一定要提前装饰，使用食品包装箔或优质的防油纸杯模，要将每只蛋糕的表面全部盖住，以锁住里面的水分。

如果要搬运纸杯蛋糕，硬纸板纸杯蛋糕盒是最佳选择。蛋糕盒里面有一块插板的盒子，可以防止纸杯蛋糕滑动。你可以把蛋糕盒层叠起来，这样更容易搬运。市面上出售的纸杯蛋糕盒有适用于不同大小纸杯模的种类，容量也是从1~24个不等。

★ 蛋糕

将你的蛋糕放在带盖的干净硬纸板蛋糕盒里，存放在凉爽、干燥的地方，但是不要放在冰箱里。如果盒子比蛋糕大，而且蛋糕需要搬运的话，用防滑垫来防止蛋糕移动。

★ 饼干
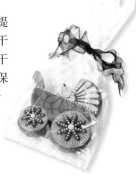

饼干很容易保存，因此你可以提前烘焙和装饰好。在装饰好且干燥之后，我喜欢把饼干装在饼干袋里，这样可以提供更好的保护。但是，如果要保存的饼干数量很多，可以先让糖衣和装饰干燥之后，然后把它们放在密闭的容器里，用厨房用纸将每一层隔开。

★ 迷你蛋糕

保护迷你蛋糕的最好方法是将它们放在PVC小方盒里，这样既不妨碍展示，也可以堆叠起来。

蛋糕块数

　　蛋糕可以切出的块数取决于蛋糕是否可以切得利落（不散开）以及切蛋糕之人的灵巧性。右边表格中的水果蛋糕块数是根据每块2.5cm的大小得出的，但是很多人会切得更小。最好对所需的块数估算得多一些。海绵蛋糕一般是切成5cmX2.5cm的大小，至少是水果蛋糕的两倍大。对于下午茶糕点、生日蛋糕等蛋糕，如果你想要切得更大一些，那就多做一些蛋糕吧。

★ 怎样切蛋糕

首先将蛋糕从中间对半切开，然后向两边每隔2.5cm切一刀。接下来，从中间垂直于第一刀的地方切开，然后向两边每隔所需的宽度切一刀（海绵蛋糕是5cm，水果蛋糕是2.5cm）。

蛋糕块数表

蛋糕尺寸			大约的块数	
圆形	方形	球形	水果蛋糕每块2.5cm	海绵蛋糕每块5cm×2.5cm
7.5cm			9	4
10cm	7.5cm	10cm	12	6
12.5cm	10cm		16	8
15cm	12.5cm	13cm	24	12
18cm	15cm		34	17
20cm	18cm	15cm	46	24
23cm	20cm		58	28
25.5cm	23cm		70	35
28cm	25.5cm		95	47
30cm	28cm		115	57
33cm	30.5cm		137	68
35.5cm	33cm		150	75

切割

　　要想制作设计精美的蛋糕，将蛋糕切割成正确的形状是其基础。如果你一直回避切割蛋糕，那就会局限于基本的形状。但是，只要装备一把锋利的切刀，再加上一点点的勇气，就完全可以雕刻出一个能够将普通变为非凡的形状。一旦学会了基本的蛋糕切割技能，稍加练习，大部分形状都将会在你的掌控之中。本章介绍如何切割简单的形状，怎样使用模板来进行更为复杂的造型，并告诉你如何使用这些技能来打造一个奇异独特的歪斜蛋糕。

本章内容：

小窍门
在切蛋糕时要勇敢些。切蛋糕并不可怕，而且切坏了也照样能吃啊！

现代精品
这个蛋糕的线条是通过将每一层切割成相反的角度、形成歪斜的效果创造出来的，而且与蛋糕上使用的康丁斯基风格设计相得益彰。本章中蛋糕的制作步骤在"范例"一章中均有详细说明。

选择正确的蛋糕

在尝试切割蛋糕时，选择一款足够密实的蛋糕配方是十分重要的。我倾向于使用调味马德拉蛋糕或优质的巧克力蛋糕（见"烘焙蛋糕"）。当然，其他配方也同样可行，你可以用自己最爱的配方进行尝试。但是，不要用那种轻盈松软的海绵蛋糕来进行切割，因为这种蛋糕虽然吃起来非常美味，但是切割起来会十分困难，并且在用糖膏覆盖之后很容易被糖膏的重量压垮。

是否需要夹馅

本书中使用的蛋糕配方并不需要另外夹馅。但是，很多人都喜欢在蛋糕中加一层果酱或调味奶油。如果想要夹馅，将蛋糕水平地切成几层，在各层中间涂上想要的馅料即可。为了确保切割的最佳结果，馅料层最好不要太厚，因为太厚的馅料层会使蛋糕不稳定，从而不适宜于切割。也不要在同一层中同时涂抹果酱和奶油，因为这会造成上面的那层蛋糕滑动，致使整个蛋糕不稳固。

切割蛋糕的窍门

★ 使用一把大而锋利的蛋糕刀进行切割。如果用的刀很钝，不仅切割起来比较困难，而且切口处可能会不平整。甚至在切的过程中会有裂开的部分，虽然这是可以修补的，但是终究不大理想。

★ 切割冷冻蛋糕比切割新鲜蛋糕要容易得多。你不仅可以提前烘焙蛋糕，而且冷冻之后的蛋糕可以切出更加精细的形状，不容易掉屑。在切割冷冻蛋糕之前，可能需要先让蛋糕稍微解冻一下。

★ 蛋糕切割的精确程度取决于蛋糕的形状。如果是"有机"形状，切割得不完全对称也没关系。但如果是"歪斜蛋糕"，则需要切割得更加精确。确保你的直尺和三角尺的刻度是从边角处直接开始的，没有间隔。

切割简单的形状

下面的步骤详解了如何将一个圆形蛋糕切割成心形蛋糕。使用方形蛋糕和其他形状来切割成心形也是同理。

拼缝爱心
用心形蛋糕来传达你的心意。

1 烘焙一个圆形蛋糕，冷却之后将顶部切平。用纸剪一个与蛋糕大小相同的圆形，将其对折。在半圆上画出半个心形，心形占圆形的大小比例随意。如果画的是一个"胖"心，则蛋糕分量会更大，如果画的是"瘦"心，蛋糕分量则更小。用剪刀把画好的心形剪下来。

2 将模板用取食签（牙签）固定在蛋糕上。用一把锋利的切刀沿模板的边缘竖直切蛋糕，形成心形的外轮廓。

3 接下来，小心地从中间往外斜切，以形成心尖的形状。再从蛋糕的中心往下将所有的边角切掉，形成柔和的曲线。最后，将心形顶部的边角修圆。

使用模板

制作模板来切割蛋糕通常是开始切蛋糕的最好方式。下面的步骤介绍了如何切割一个手提袋形状的蛋糕，同样也适用于切割其他形状。

时尚提包

有了模板作为参考，复杂的形状也难不倒你。

1 对提包（实物）进行拍照，从后面、前面、侧面和上面各拍一张照片，确保所拍的照片为直视，不要与相机形成斜角。调整图片的大小，以形成合适的蛋糕尺寸，但是得确保图片的高度、宽度和深度相匹配。使用这些图片来制作模板。

2 将一个正方形蛋糕的表面切平，然后切成两半。将切好的两半堆叠起来，形成一个高15cm的蛋糕。用纸剪出两个模板的正面形状，用取食签（牙签）分别固定在叠好蛋糕的两边。

3 用一把锋利的大刀将多余的蛋糕切掉。切的时候，刀与模板之间要保持垂直的角度。切好之后，基本的手提包轮廓就出来了。

4 将模板的顶面形状放置在切好的蛋糕上，按照其形状切出手提包的边角形状。下刀要直而长。

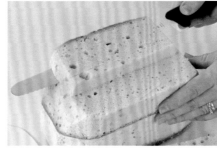

5 将模板拿掉，然后标记出手提包顶部的中线，即卡扣所处的位置。使用侧面模板作为指导，在中线两侧各标记出一条线。沿着标记的两条线切下约1.5cm。然后将切刀握平，从蛋糕的两边向中间切。

6 剩下的部分就没有模板了，只能徒手切了。每次从蛋糕的前面和后边各切掉一点儿，直到形成一个线条流畅、匀称、美观的手提袋形状。手提袋的顶部被切掉的越多，手提袋看起来就会越细长。

7 使用一把小而锋利的去皮刀来切出手提包两侧的形状。在卡扣部分的端部竖直切下，然后保持刀尖在蛋糕里，切出一块水滴形的蛋糕，两端均是如此。尽量使手提袋的边缘保持尖角。最后将切掉的水滴形的下方区域修整得圆滑一些。

切割歪斜蛋糕

将蛋糕切割成不同角度，制作出一款多层、歪斜蛋糕，这对于很多人来说都是个挑战。但是，只要你严格按照步骤说明，一步一步地切割蛋糕，在过程中仔细检查切割好的形状，这其实并不像它看起来那样困难。

烘焙蛋糕

你需要2~4个7.5cm高的圆形蛋糕，具体数量取决于你想要制作的蛋糕层数。要想制作像样例这样的蛋糕，每个蛋糕的尺寸应该相差7.5cm。

高迪杰作

制作这款蛋糕的灵感来源于安东尼·高迪（Antoni Gaudi）的建筑设计。它的形状奇异有趣，看起来似乎很难制作，但实际上比你想象的要简单。

切割基底蛋糕的顶面

1 将基底蛋糕切平成7.5cm高（如果你的蛋糕没有这么高，成品会看起来和样例不一样，而且你可能需要调整测量的数值。你也可以选择在蛋糕下方加一些托板，以使它达到合适的高度）。取4根取食签（牙签），将一根从蛋糕的顶部边缘以45°的角度插入蛋糕中（12点钟方向）。将第二根取食签在第一根的相对方向（6点钟方向）水平插入蛋糕中，插入的位置在顶部边缘下方，距离底部4~5cm。具体高度取决于蛋糕尺寸，可参见下页的表格。

2 将剩下的两根取食签插在之前两根的中间（3点和9点钟方向），插入位置的高度参见下页的表格。插这4根取食签的目的在于确定切掉蛋糕表面的位置。用一把长刃的切刀，按照取食签指示的位置切掉蛋糕的上层。

4 检查蛋糕的边缘在相同的点是否高度相同，有需要时进行修整。在主蛋糕的倾斜表面上涂抹黄油（海绵蛋糕）或果酱（水果蛋糕）。

3 切好之后，将切除的部分保持原位，取一个比蛋糕稍大一些的托板，将整个蛋糕倒放在托板上，然后拿掉蛋糕的主要部分，并将其放回到原来的位置。

5 将顶部部分从托板上滑到涂好黄油或果酱的主蛋糕上，按照薄的地方对应薄的地方、厚的地方对应厚的地方放置，以增加蛋糕的倾斜度。放好之后，最好是将蛋糕冷冻一下（如果时间紧张，这一步骤也可省略）。对冷冻后的歪斜蛋糕进行切割和调整形状都比较容易。

切割基底蛋糕的侧面

1 将基底蛋糕翻转过来，倾斜面朝下放置。将一块大小适合的圆形托板（见下表中的"基底直径"一列）放在基底蛋糕的中心。在托板的周围切出浅痕，以标记它的位置（这样就算托板滑动也可以将它复位）。然后一小刀一小刀地从托板边缘往另一面的蛋糕外边缘处斜切。

2 切好之后，将蛋糕翻转回来，必要时修整一下蛋糕的形状。同时检查一下蛋糕是否对称，按照需要进行修整。如果使用的是海绵蛋糕，用一把小刀或剪刀小心地将顶部边缘修圆滑。

小窍门

花时间慢慢地切割出蛋糕的基本形状，别着急，特别是当你第一次尝试时。

切割上层蛋糕

切割歪斜蛋糕的上层时，唯一的区别是托板并没有放置在基底蛋糕的中心，而是放置在离最高处更近一些的位置，这样可以取得最佳效果。例如，对于12.5cm的蛋糕来说，托板应该放置在距离最高点1cm处的地方（参见下表）。

调整和堆叠蛋糕

将切好的两层蛋糕堆叠起来，检查堆叠后的蛋糕边缘和倾斜角度，然后再将两层分开，用一把锋利的小刀进行修整。在修好之后，将蛋糕盖糖膏，并固定、堆叠好（见盖糖膏和层叠蛋糕章节），然后就可以进行装饰了。

歪斜蛋糕切割参考表（7.5cm高的蛋糕）

蛋糕尺寸	两侧高度			基底直径	切割好后在基底加上鼓形托板，以增加蛋糕的高度	托板放置于最高点的距离（上层蛋糕）
	最高点（12点钟方向）	最低点（6点钟方向）	中间点（3点和9点方向）			
33cm	7.5cm	3.75cm	5.6cm	28cm	2×15mm 高鼓形托板	N/A
30.5cm	7.5cm	3.75cm	5.6cm	25.5cm	2×15mm 高鼓形托板	N/A
28cm	7.5cm	4cm	5.75cm	23cm	1×15mm 高鼓形托板	N/A
25.5cm	7.5cm	4cm	5.75cm	20cm	1×15mm 高鼓形托板	1.5cm
23cm	7.5cm	4.25cm	5.9cm	18cm	N/A	1.5cm
20cm	7.5cm	4.5cm	6cm	15cm	N/A	1.25cm
18cm	7.5cm	4.5cm	6cm	12.5cm	N/A	1.25cm
15cm	7.5cm	4.75cm	6cm	10cm	N/A	1.25cm
12.5cm	7.5cm	5cm	6.25cm	9cm	N/A	1cm
10cm	7.5cm	5cm	6.25cm	7.5cm	N/A	8mm
7.5cm*	7.5cm	5cm	6.25cm	6cm	N/A	6mm

*因蛋糕只有7.5cm高，所以不翻转。

上色

　　蛋糕装饰中最为重要的一个方面就是选择颜色，正确地进行配色非常重要。配色是一项十分主观的工作，所以在挑选搭配得当的颜色时，可以从"色轮"开始着手。本章介绍了一些使用颜色的思路，教给你如何给自己的糖膏上色和创造精彩的色彩图案。

本章内容：

颜色介绍
★色轮
★选择色彩方案
★暖色和冷色

食品着色剂

给糖膏上色，做造型
★颜色的变化因素

大理石花纹

简单的重复图案

条纹和格子图案

千花图案

小窍门

不同的色彩搭配流行起来很快，但过时得也快。因此，请努力保持与时俱进，了解当季的流行色彩。

拼缝爱心

这款蛋糕的拼缝样式需要仔细地在不同颜色和图案之间取得平衡。关于该蛋糕的详细制作步骤可参见"范例"一章，本章中展示的其他蛋糕、饼干的所需材料、制作步骤在"范例"一章也有说明。

颜色简介

在选择和调配用在蛋糕上的颜色时，了解一些色彩理论及其应用的基本知识将会对你很有帮助。颜色这个课题的范围广袤而引人入胜，但是只要遵循下面介绍的一些简单的原则，就可以为你的蛋糕制作出成功的配色方案。

色轮

色轮是设计师们使用的一个色彩系统。在色轮中，光谱中的颜色被放置为圆环状，放置的位置与颜色的自然顺序相同。一个分区为十二色的圆环中包含三种一次色（即原色，红色、蓝色、黄色三种颜色无法通过其他颜色调配出来）、三种二次色（即间色，由等量的两种一次色调配得出）、六种三次色（即复色，通过将一次色和二次色混合获得，如橙色和黄色混合成为橙黄色）。

自己试着画一个色轮，至少画一次，这会给你很多启发，受益颇多。你会发现，虽然在理论上依靠三种一次色可以调配出所有的其他颜色，但实际却稍有不同，如调配绿色和紫色需要不同的蓝色。

色相（纯色）　色彩（色相加白）

色调（色相加灰）　色度（色相加黑）

选择色彩方案

颜色组合并无对错之分，但是下面这些色彩搭配方案是经过实践检验的，可以作为尝试配色的一个良好的开始。

☆ 单色：使用同一种颜色的不同色泽（tint）、色调（tone）、色度（shade）。
☆ 邻色：使用色轮上2~4种相邻的颜色。由于使用的颜色十分接近，这种组合会产生赏心悦目的和谐感。
☆ 补色：使用的颜色在色轮上处于相对或大概相对的位置。这样的一对颜色可以在冷色和暖色之间达到平衡，如蓝色和橙色、黄色和紫色、红色和绿色。
☆ 三色：使用在色轮上距离相等的三种颜色。
☆ 多色：将多种颜色搭配在一起，通常使用色泽较佳、较为柔和的颜色。

在寻找配色方案的灵感时，可以看看在你身边的物品，如艺术品、日常用品、杂志、贺卡中的颜色，甚至墨西哥或非洲等民间艺术中的颜色，看看哪些颜色的组合吸引了你的注意力。你还可以从家装商店中获取油漆的样板卡，用它们来进行试验。

暖色和冷色

橙色和红色属于暖色，而蓝色和绿色为冷色。但是，每种颜色又有较冷和较暖的版本。例如，带有很多蓝色的红色比橙红色要更冷。有趣的是，一个放在冷色旁边的暖色会比放在另一个暖色或中性色彩旁边的暖色显得更加强烈。

暖　　　　　冷

补色

单色色彩

食品着色剂

市场上有很多不同种类的食用着色产品。你所需要的着色剂取决于糖霜的种类以及你想要达到的效果。

★ 色膏

色膏是浓缩的可食用颜料，适用于所有形式的糖霜。它们还可以用无色的酒进行稀释，作为涂料使用。

★ 色浆

色浆是另一种浓缩度稍低的可食用颜料，用于给蛋白糖霜上色和作为涂料食用。使用色浆给蛋白糖霜上色的优势在于它们不含甘油，可以防止蛋白糖霜变干。

★ 色粉

色粉又叫做petal dusts或blossom tints。一般干用，撒在糖霜的表面上。但也可以混合到糖霜中上色，或者使用酒进行稀释，以用作涂料。

★ 珠光粉

珠光粉也是可食用的色粉，但是其中添加了金属光泽。可以干用或稀释。它们和筛板搭配使用绝佳。

★ 无毒工艺色粉和亮粉 ⚠

注意，有些工艺色粉（一般比食品级色粉更加明亮和浓烈）最初也被归类为可食用颜料，但是后来由于国际食品法规的改变，使它们不再属于这一类别。因此，这些色粉应该<u>仅用于那些不会被食用的陈列作品</u>。仔细阅读商品标签，如果是可食用的产品，上面会标有有效期和成分表。

给糖膏上色，做造型

现在各种颜色的糖膏（翻糖膏）和造型膏都可以在市场上买到。但是，如果你没有找到中意的具体颜色，或者只需要很少量的某种颜色，给你自己的糖膏上色或者调整所买糖膏的颜色是最好的方法。

 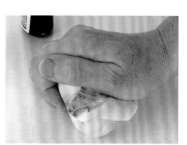

1 根据想要上色的糖膏分量以及所需的颜色深度，将一些可食用的色膏（不要使用色浆）抹在糖膏上，如果量少可以用取食签（牙签），量多则可以使用调色刀。

2 将糖膏揉搓均匀，如果颜色不够，可以继续添加，直到达到想要的颜色。如果是浅色，只需要一点儿色膏，而深色则需要较多色膏，但糖膏会因此而变得十分黏手。要想避免这一点，可以添加少许黄蓍胶，放置一到两个小时。黄蓍胶会使糖膏变得更加坚实，更容易处理。注意：上好色的糖膏干燥后颜色会显得稍微深一些。

小窍门

如果待上色的糖膏分量较多，可以先将一小部分糖膏变成较深的颜色，然后将这部分糖膏揉搓到剩下的糖膏中去，这样比直接给全部糖膏上色要更加容易。

颜色的变化因素

有些因素会影响你混合的颜色，下面列举了一些：

☆ 时间：在经过一段时间之后，颜色通常会变得更深。因此，如果可能的话，在使用糖膏之前最好先放置一段时间，这样你就不用添加这么多色素了。

☆ 配料：颜色在遇到植物油脂（起酥油）、人造黄油和黄油之后都会变得更深。而柠檬汁则会使颜色变得更加柔和。

☆ 光线：有些颜色在强光下会褪色，特别是粉色、紫色和蓝色。因此，在制作过程中和完成作品之后，避免将糖膏暴露在强光下。

大理石花纹

这种方法可以使糖膏的表面看起来更像大理石的自然花纹。即便每次制作大理石花纹糖膏所使用的颜料相同，也会得到不同的效果。使用相近的颜色可以获得更加精巧的花纹，而使用差异较大的颜色则会创造出更具冲击力的图案。

小窍门

在大量着色之前，先用少量的糖膏进行试验，看看自己喜欢哪种颜色组合。

1 选择两种或多种颜色（我通常使用大约6种不同但相近的颜色），将糖膏揉搓均匀。将上好色的糖膏分成小块，将它们混合在一起，打乱颜色。

2 将这些散开的小块组成一个球形，稍微揉紧一些。将糖膏球对半切开，露出中间的大理石花纹。

3 将这两个半球并排放在两根5mm的间隔条中，用擀面杖将它们擀平，使用植物油脂（起酥油）来防止糖膏和擀面杖粘连。擀的方向会影响最终形成的图案，因此在擀的过程中，尽量根据图案的变化来调整方向。

变形

如果所擀出的图案不是很合意，可以用手指在糖膏上划动，使图案扭曲变形。但是，这种方法应该在糖膏尚未擀薄到5mm之前使用。在图案变化之后，继续将糖膏擀平，使它形成均匀的厚度。

蝴蝶扣手袋

将糖膏做成大理石花纹后，给这块饼干带来了十分精美的装饰效果。

简单的重复图案

将一种颜色的糖膏形状放置在另一种背景颜色的糖膏上擀平，可以十分便捷、高效地制作出带有图案的糖膏来。在下面的例子中，我是用圆形制作的圆点花纹糖膏，你也可以尝试不同的形状，如花朵、水滴、星形、心形等。我选择了不同色调的粉色，但是你也可以发挥冒险精神，在同一种背景颜色上使用几种不同颜色的形状。

可爱圆点
这种重复的图案十分容易制作，按照下面的步骤进行就可以了。

1 将作为背景的糖膏擀成比5mm微厚一点。将作为前景图案的糖膏擀得薄一些，然后用合适的切模切出形状。

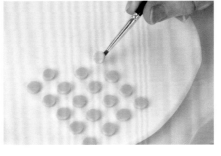

2 将切好的形状均匀或任意地放置在擀好的背景糖膏上。注意最后成品的图案会稍微变大一些，因此你可能需要将它们比你最后想要的结果放得更加紧密一些。

3 将糖膏擀平到5mm厚。擀的方向会使切下的形状变长，如果你想要保持原来的比例，需要将糖膏均匀地沿着各个方向擀开。但是，你也可以创造出各种有趣的形状，例如，如果只沿一个方向擀，可以将圆形擀成椭圆形，或者将一个丰满圆润的心形擀成优雅瘦长状。

★使用造型膏
如果你用的是造型膏，可以将它擀成1.5mm厚，然后将切好的形状放在上面。接下来不要将它擀平，而是用整平器将这些形状在糖膏上压牢，这样可以将它们融合在一起而不会使图案变形。如果你有意要使图案变形，也可以和之前一样使用擀面杖。

小窍门
在擀好的糖膏上盖上一层保鲜膜或塑料膜，防止其变干。

条纹和格子图案

使用这种层叠方法可以十分容易地制作出精美的几何图案。最好使用造型膏，因为它更容易确保线条平行，使条纹更漂亮、更纤细。但是，如果你想要创造出胖胖的图案，可以使用一般糖膏。这种方法要使用锋利的小刀，因为如果刀不够锋利，制作出来的条纹就会混合到一起，无法形成清晰的线条。

彩旗飘飘
用条纹和格子图案来制作各种漂亮彩旗和底座边缘。

条纹

1 将两种不同颜色的糖膏擀薄（擀得越薄，形成的条纹就越细）。将擀好的糖膏切成大小相似的长方形，在上面抹上一点儿水，让它们更黏，然后两种颜色交替地层叠起来。在叠好的在最上层擀一下，让它们层叠得更牢固，使整个糖膏变薄一些。

2 在叠好的糖膏上放一把尺子，用锋利的小刀或美工刀沿着尺子切出垂直的角度，切出3mm宽的小条。用塑料膜或保鲜膜将切好的小条盖起来，防止变干。

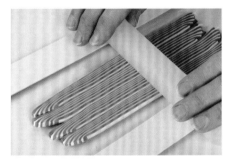

3 取几个小条，将它们并排放在两个相距很近的隔条中间，然后沿着条纹的方向将它们擀长擀薄。如果你想让条纹更宽一些，就横着擀。擀好之后，按照需要切成不同的形状。

格子

1 按照上面的步骤1和步骤2制作出3mm厚的条纹糖膏层，然后将它横切成带有细小格子的小段。

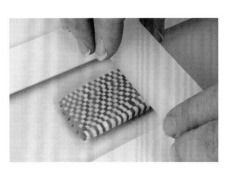

2 仔细将这些小段的糖膏并排摆放，形成格子状的图案。一般这些小段会足够潮湿，可以粘在一起，但是如果不行，可以在切出的边缘抹上一点儿水。用擀面杖小心地将它们擀平，注意要在两个方向上擀，以保持格子为正方形。擀好之后，按照需要切成不同的形状。

小窍门
在处理不同颜色的糖膏时，将你的砧板、工具和切模都擦干净，以免糖膏混色。

千花图案

　　"千花"这个词来自一种可以制作出独特装饰图案的玻璃工艺。这种图案制作起来并不难，但是需要一定的耐心。这种方法十分适合用来制作豹纹图案，就像本章开始时"拼缝爱心"上所使用的一样。

千花水杯
饼干上图案精美的花瓣是用造型膏制作的，但是你也可以用糖膏来试验这种方法。

1 选择几种不同颜色的造型膏，充分揉搓，将每种颜色搓成细长的香肠状。根据想要制作的图案大小，使用整平器来整出均匀的香肠条，或者使用装好圆形碟片的糖膏造型器挤压出来（关于该工具的使用说明可参见"工具"一章）。

2 选择一种颜色的香肠条作为花朵的中心，然后将其他颜色的香肠条交替围绕在其周围。我在这里用了两种颜色，以使花瓣的效果更加显著。为了让糖膏更黏，可以给它们抹上一点儿透明的酒或者水。

3 将与花瓣颜色相同的造型膏擀薄，将组合好的香肠条放在上面，然后卷起来，使香肠条完全被覆盖，去掉多余的造型膏。

4 用锋利的美工刀将香肠条切成相等的小段，将三个小段层叠起来，形成一个更短更粗的香肠状。

小窍门

如果要想制作豹纹图案，可以选择合适的颜色，将香肠条以合适的方式围绕在核心周围，以创造出你想要的豹纹图案。

5 将这个短粗的香肠条滚动一下，使它们更紧实。然后用锋利的小刀小心地将它切成3mm厚的薄片。

6 将切好的薄片相互紧挨着摆放在一起，置于距离很近的隔条中，用擀面杖将它们擀成1.5mm的厚度。如果用的是一般的糖膏，将切好的片放在一个糖膏衬垫上会更容易擀薄，因为这样会给糖膏增加一点力量，更容易操作。

涂绘

　　我一直十分喜欢在蛋糕上进行涂绘，无论是设计的魅力、图案的精美，还是细节的巧妙，涂绘的颜色都会给蛋糕的完整度加分。糖膏构成了试验绘画技巧的绝佳画布，但是别担心，即便不是有天赋的艺术家，也可以创造出一些令人惊叹的绘画效果，读完这一章你就会充分了解这一点了。

本章内容：

材料和工具

　　要在蛋糕上作画，你需要一系列不同大小和宽度的优质画笔以及可食用颜料。色浆对于涂绘来说有点太湿了，因此我推荐使用色膏和色粉。色膏和色粉都需要添加少量水或透明的酒（如杜松子酒或伏特加），以达到适合涂绘的黏度。如果你希望涂绘的颜色更有覆盖性或更白，可以添加一些可食用的增白粉（如超白）。我经常这么做，特别是在绘制图画时。

红艳罂粟

一旦你知道怎样在糖膏上涂绘之后，一切就变得皆有可能了，就像这款生动迷人的蛋糕上面精致的罂粟花一样。关于该蛋糕的详细制作步骤可参见"范例"一章，本章中展示的其他蛋糕、饼干的所需材料、制作步骤在"范例"一章也有说明。

渲染法绘画

许多年来，我一直使用这种方法来装饰蛋糕的托板。这种方法十分高效，但又不寻常，而且特别简单。你只要留出几天时间让画好的图案晾干即可。

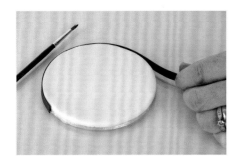

1 将蛋糕托板用白色糖膏覆盖。用擀得很薄的造型膏围一条边，以防止液体流出来。用整平器将围边整理平直，并且与托板的边缘齐平。这对圆形托板来说并非完全必要，因为液体的表面张力会帮助液体保持在托板上，但是对方形托板来说就必不可少了。

碧海蓝天

渲染法绘画用在蛋糕托板上效果特别好，尤其是用较深的颜色绘画来衬托浅色的蛋糕时。

2 在你所选择的可食用的糖膏颜料中稍微添加一些水或透明的酒，使其稀释。用画笔粗略地在托板上画上各种颜色的弧形小段，留下一些白色区域。

3 小心地将透明的酒或水倒在画好的托板上，然后用画笔帮助液体覆盖整个表面。倒上的液体将会把糖膏的表面融化，各种颜色会融合在一起（耐心一些，这需要一点时间）。

4 在糖膏变得像糖浆似的之后（需要1小时左右，甚至更长的时间，这取决于周围的温度和湿度），用一根取食签（牙签）或细画笔划动糖膏，将一种颜色从一个区域转移到另一个区域，绘制出图案。绘制好后，将托板静置在一个水平的平面上，让它彻底晾干。

小窍门

先在一块多余的糖膏上试试效果，我向你保证，它并不像听起来那样困难！

背景涂绘

一般的糖膏表面看起来太平淡了，为什么不用下面的方法来加强颜色或者增加有趣的纹理呢？

点彩

点彩是涂上点状的颜料，制造出均匀或柔和的渐变阴影效果。你需要一把刷毛适度坚硬的画笔（太软会出不来效果，太硬会在糖膏上留下痕迹），而画笔的大小取决于你想要绘画的面积。在这里的例子中，用到的是一把硬度适中的10号画笔。但是，对于蛋糕托板或蛋糕来说，使用大约2.5cm宽的圆头刷子会更高效。

雪花袜子
点彩是最为简单的上色方法之一。

1 将你所选择的可食用糖膏颜料用水或透明的酒进行稀释。我在这里用的是两种不同色调的蓝色。如果你的糖膏像我的一样已经压好了花，就在压花上面涂上颜料，凹痕里也涂满。如果要涂绘的面积很大，可以先完成一个部分，否则先涂好的颜料会变干。

2 用一把干的点彩刷在压花的区域以及周围垂直地点刷，并将颜色扩散开，形成点状效果。继续涂抹别的区域，绘制出深浅不同的颜色。

平整表面
如果你要在一个平整的糖膏表面上绘画，将点彩刷在稀释好的可食用色膏中浸一下，去掉多余的水，然后直接在糖膏上点彩即可。

> **小窍门**
> 还可以试试用扭在一起或揉成一团的纸巾来制作纹理效果。

小粉猪
饼干上精细柔和的色彩是用海绵涂绘出来的。

海绵涂绘

海绵涂绘和点彩类似，不同之处是用海绵来涂抹颜料。天然的海绵可以创造出更鲜明的纹理和有趣的效果，但也可以用合成海绵来尝试。

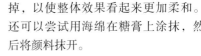

1 将你所选择的可食用糖膏颜料用水或透明的酒进行稀释。这里我用的是调配出来的桃粉色，添加了一些增白剂，以形成不透明的颜色。选择一块大小合适的海绵，浸到颜料中，然后垂直快速地点在糖膏表面上。

2 用干净的干海绵将一些部分的颜料抹掉，以使整体效果看起来更加柔和。还可以尝试用海绵在糖膏上涂抹，然后将颜料抹开。

刷色

通过刷色可以在蛋糕和饼干上增加微妙的渐变色彩。这种方法通常是用画笔在一种纯色上刷扫，以将多种颜色混合、融合在一起。

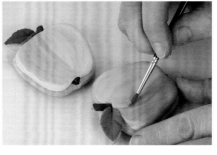

1 在蛋糕托板或蛋糕上盖上一层颜色合适的糖膏。将所选择的可食用颜料调配好（可以使用增白剂使颜色变得不透明），以长笔将第一种颜色刷在糖膏的一部分上。

2 继续刷上其他颜色，在刷的时候使各种颜色混合、融合在一起。在第一层颜色干透之后再涂另外一层颜色，否则会把第一层的颜色抹掉。不过，如果你在可食用色膏中加入了增白剂，这种情况则不会发生。

每天一个苹果
用画笔将不同颜色刷在这些饼干的绿色糖膏基底上，再用干画笔轻轻地刷上一抹胭脂色。

在压花的表面上刷色

这种方法十分简单，但是特别高效。我用蕾丝给糖膏添加纹理，许多压花器配合这种方法的效果也特别好。

1 在糖膏表面压好花，然后盖在纸杯蛋糕或者饼干上。如果你使用这种方法来装饰蛋糕或蛋糕托板，可以将它们盖好糖膏之后再进行压花。用透明的酒稀释可食用色膏，然后用一支大小合适的画笔将整个带有纹理的糖膏涂上颜色，确保颜料覆盖到所有凹陷的区域。涂好之后让它彻底晾干。

2 在颜料干了之后，用蘸有透明酒的纸巾，轻轻地将糖膏最上层的颜料抹掉，以创造出两种色调的效果。

恨天高
压花的图案越精细，最后成品的效果越好。

小窍门

不要把糖膏弄得太湿，否则糖膏表面会融化，使压花图案变形或者完全丧失。如果你发现糖膏有融化的迹象，立即停止工作，待糖膏变干之后再重新开始。

使用压花器绘制图画

这种方法就像绘制数字油画一样——所有繁杂的工作都已经为你做好了，你只需要在空白处填上色即可！市面上有很多种压花器，你可以按照自己的喜好选择合适的大小和设计。

星际迷航

外星人和地球的图案刚好适合这些纸杯蛋糕的表面。当然，使用部分设计也可以获得很好的效果。

1 用压花器在糖膏上压好图案。将你所选择的可使用糖膏颜料用水和透明的酒分别稀释好，然后用一种颜色涂好几个部分，可以按照自己的喜好增减色彩强度。

2 继续涂上其他颜色，增加更多细节。在涂临近的颜色时，你可能需要将旁边区域先晾干。先练习一下，以获得最佳效果。

可食用墨水笔

现在市场上可以买到各种颜色的可食用墨水笔，有些甚至还是两头型的，让你有两种尺寸可选。粗笔尖适用于在蛋糕或饼干上写字，或者在一个形状内涂色；细笔尖则适用于给你设计的图案增加精致的细节或者突出某个部分。这些笔的用法和普通签字笔一样，在浅色的糖膏上使用最佳。

在糖膏上绘画

在你的蛋糕上盖好糖膏，然后晾干。糖膏的表面越坚硬，画起来就越容易。取下可食用墨水笔的笔帽，在糖膏上写一些文字或画一些图案。在这个例子中（即本章开始时展示的蛋糕），我在一个海绵蛋糕上画了一朵罂粟花。

小窍门

为了确保画笔的墨水流畅，在存放墨水笔时，应将它们倒转放置，以使墨水流向笔尖。但是两头型的墨水笔得水平放置。

51

印花

印花是指使用工具（例如印章）来创造一个图像或形状。下面的两种方法都是用在软糖膏上的。其中的图章我用的是木棒的一端和糖艺压花器。

使用可食用色膏

将可食用色膏用水或透明的酒调制得稍微浓稠一些。将印章浸到颜料中，然后以垂直于糖膏表面的角度将印章轻轻地按下，将颜料盖在糖膏上。你可能需要练习几次之后才能正确把握按压的力度以及印章上蘸的颜料量。重复印上其他颜色，创造出有趣的图案。

大漠日出
用可食用色膏印上简单的圆形，打造出具有土著艺术风格的纸杯蛋糕。

使用可食用色粉

通过这种方法，你可以用压花器在糖膏上创造出一行行漂亮的图像。试着使用不同类型的压花器，创造出更加精致的细节。

1 选择一个合适的糖艺压花器，蘸上干燥的可食用色粉。轻轻拍掉多余的色粉，使压花器均匀地盖上色粉。如果可食用色粉卡到压花器的某个小洞里，可以用一支大小合适的画笔将色粉刷出来（如果不刷出来，盖出来的图案上就会有小团的色粉，而不是精致的轮廓）。

2 将压花器以垂直于糖膏表面的角度轻轻地压在糖膏上。色粉将会从压花器的边缘转移到柔软的糖膏上，创造出漂亮的彩色轮廓图案。

3 有时候（特别是在用的压花器较大时）你需要用手指或整平器在压花的周围轻轻地按压一下，使压痕的间隔缩小一些，这样可以使压出的图案更清爽、整洁。

小窍门
用不同颜色的色粉和糖膏进行试验，看看哪种效果最好。

拼接印花
用精致的迷你压花器和可食用色粉印出纸杯蛋糕上的精细图案。

转印一个图像

很多人都对直接在蛋糕上徒手绘画没有足够的信心，为解决这一难点，最简单的方法是将你想要的图像轮廓转移到糖膏表面上去。转印图像有多种方法可选，但首先需要确定你想要绘制的图像，然后放大或缩小图像的尺寸，使之适合于你的蛋糕。在下面的三种方法里，前两种对干糖膏更有效，而第三种适用于新鲜的糖膏。

使用划线器

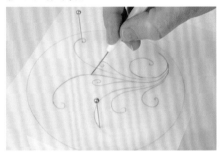

1 将你设计的图案描到一张蜡纸或羊皮纸上，然后用珠针将其固定在蛋糕上。用划线器在所有的线条上描一遍，力度应稍大些，使下面蛋糕的糖膏表面上可以留下痕迹。

2 小心地将纸拿掉，糖膏上会有浅浅的轮廓。这种方法可以很好地描出形状外廓，但是对于复杂的设计或精致的细节就不那么容易了。

使用针或穿孔轮

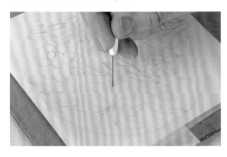

1 在砧板或瓦楞纸板上将蜡纸或羊皮纸放到设计图案上，固定好后，用珠针或穿孔轮在纸上沿图案线条刺出小洞。图案细节越多，刺的小洞也应该越密。

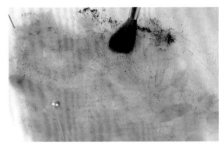

2 将羊皮纸放到蛋糕上，根据糖衣的颜色，用柔软的小刷子轻刷纸面，使可食用色粉穿过小洞。

3 将纸拿掉，可以看到你的设计图案已经出现在蛋糕上了。这种方法也适用于较为复杂的图案。

使用可食用墨水笔

1 仔细地用可食用墨水笔将图案的反面描到蜡纸或羊皮纸上。描线时，墨水会很快散开，形成一些小点，这是十分正常的！

2 立即将描好的图案翻转过来，盖到蛋糕的顶面或边缘上。用整平器小心地摩擦纸的背面，让它紧贴蛋糕表面，使图案转移到蛋糕上去。

3 轻轻地将纸揭开，可以看到图案已经转移到蛋糕上了。这种方法最适用于刚刚盖好糖膏的蛋糕，因为新鲜的糖衣可以更好地吸收颜色，但是也可以用在干燥的糖膏表面。

绘制图画

为了获得最佳效果，尽量分几个阶段来绘制你的图画，让它有时间晾干，这样可以防止各种颜色互相混合在一起，而且你还可以在一种颜色上增加其他的颜色。

1 用透明的酒将你所选择的可食用色膏调配好，并选好合适的画笔，从背景开始进行刷绘或涂色。在涂相邻区域的颜色时，留出时间让之前的颜色变干。在这个范例中，我先把巴士的窗户涂好，然后再涂红色部分，之后涂建筑物的屋顶和窗户，最后再涂建筑物的墙面。

2 用一支优质的细画笔给涂好的所有部分添加细节，此步骤有画龙点睛的作用。

小窍门

正式在蛋糕上绘画之前，最好先在多余的糖膏上进行练习，尝试各种颜色和技巧。

伦敦街头

这个图画是我在电脑上将几张图片组合后设计出来的，然后把它改成适合蛋糕侧面的大小，再用可食用墨水笔将其转印到蛋糕上。

金属光泽

此方法可以给你的蛋糕和饼干增加闪亮光泽和尊贵气质。

可食用珠光粉

市场上有多种颜色的可食用珠光粉或金属粉，很容易调配和混合。根据你想要的效果，可以选择不同的方法。为了获得最佳效果，在你涂珠光色粉之前，先给糖膏涂上与珠光色粉相近的颜色，可以使珠光效果会更明显，使成品更加整体。

点石成金
金属粉给漩涡设计的纸杯蛋糕增加了一种奢华感。

1 用柔软的大除尘刷给新盖好的糖膏刷上可食用金属粉，给糖膏增添漂亮的珠光光泽。但是，这种方法并不太适用于已经结了硬皮的糖膏（见方法2）。

2 对于已结硬皮的糖膏，在上面抹上一层白色植物油脂（起酥油），然后用柔软的大除尘刷在上面刷上珠光粉，使其形成漂亮的颜色（根据色粉的品牌）甚至可以做到真正的闪光。

3 将可食用珠光色粉同透明的酒混合，调配出浓稠的涂料，涂在蛋糕上。你也可以将色粉同上色糖浆混合，效果会更闪亮。

金箔

将24K金箔转移到蛋糕和饼干上，可以形成漂亮的反光，效果极棒。使用金箔需要十分细心，因此请给自己足够的时间。

美味香槟
金箔在这款有趣的饼干上带来闪耀光芒。

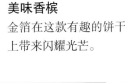

1 在金箔转移纸的背面画好形状。用锋利的剪刀仔细地把它剪下来，尽量避免手指和金箔接触。

2 在糖衣表面薄薄地涂上一层糖胶或上色糖浆，面积稍微比金箔的形状大一些。等待片刻，让糖胶或糖浆变得更黏稠。如果糖胶还湿着，金箔就无法顺利地转移到糖衣上去。将金箔转移纸准确地放置到位，轻轻按压，如果放偏了可没法重新再贴，因此请务必小心。

3 放置一两分钟，然后用手指或镊子剥掉背面的纸，剥的时候要慢慢地往上移动。最后静置晾干。

镂印

镂印可以为蛋糕和饼干增加上令人印象深刻的装饰，而且特别简单、高效。为了获得最佳的效果，我推荐你使用激光切割、耐用食品级塑料制成的厨用镂花模。选择怎样的镂印取决于你想要获得的效果以及镂印对象的大小。这一章节将介绍使用可食用色粉和蛋白糖霜进行镂印的各种方法、怎样自己制作镂花模以及镂印的其他用途。

本章内容:

厨用镂花模

使用可食用色粉
★珠光色粉
★哑光色粉
★多色哑光色粉

使用蛋白糖霜
★用于饼干
★用于纸杯蛋糕
★用于蛋糕托板和蛋糕
★用于蛋糕侧面
★多色效果

调整镂花模

添加修饰

自己制作镂花模
★使用现有的材料
★使用专业工具

镂花模的其他用途

堆叠帽盒

帽盒上漂亮的花纹都是通过使用厨用镂花模、蛋白糖霜和可食用色粉制作出来的，而且方法十分简单。关于该蛋糕的详细制作步骤可参见"范例"一章，本章中展示的其他蛋糕、饼干的所需材料、制作步骤在"范例"一章也有说明。

厨用镂花模

　　市场上有大量的厨用镂花模供你选择，因此，有时候挑选一款中意的设计也是件棘手的事情。首先要考虑的是你想要装饰的对象的大小。如果是装饰饼干或纸杯蛋糕，所需的镂印图案要比装饰蛋糕托板的图案小很多。但是，你也可以在纸杯蛋糕或饼干上使用大图案的某一部分，也可以在蛋糕托板的边缘处重复使用小图案装饰，效果同样不错。

使用可食用色粉

使用色粉在蛋糕和饼干上进行镂印时，确保你使用的是可食用产品非常重要。阅读色粉包装上的文字说明，确定你所使用的色粉并非只用于装饰用途。如果是可食用色粉，上面应该标有成分表和有效期。

甜蜜漩涡
这些迷人的饼干是通过使用可食用珠光色粉制作出来的，十分具有现代感。

珠光粉

1 将糖膏擀制成5mm厚（擀的时候最好使用间隔条）。将你所选择的镂花模放在糖膏上。为了确保镂花的边缘干净、整洁，将一个整平器放到镂花模上，然后用力地将镂花模压在糖膏上，使镂花模和糖膏的表面齐平。

2 接下来，在糖膏表面（确切地说，是被镂花模挤上来的那些部分）抹上一层薄薄的白色植物油脂（起酥油）。可以用手指或者合适的画笔来抹。

3 将一把柔软的大除尘刷蘸上可食用珠光色粉，轻轻敲掉多余的色粉，然后自由地在镂花模上涂抹（按照需要增加色粉量）。将镂花模上多余的色粉刷掉，这样你在揭开镂花模时就不会有散粉掉下来，破坏下面的图案。用刷子将色粉打磨光滑（如果产品允许），使其真正闪亮起来。

4 小心地将镂花模从糖膏上揭开，让图案显现出来（你可能需要两只手一起揭）。

小窍门
用一把柔软的刷子来实现均匀的镂花。如果刷毛太硬，可能会在表面留下痕迹。

5 用你制作饼干的切模切出一个形状，并去掉这个形状周围多余的糖膏。然后用一把曲柄抹刀快速地扫进糖膏下方，不要使其变形。

6 小心地撩起镂花糖膏，将其放到已经涂好饰胶的饼干上。将抹刀抽出来，必需时可以用干净的手指轻轻地按压糖膏，使它与饼干充分贴合。此时要确保手指干净，否则会破坏图案。

哑光色粉

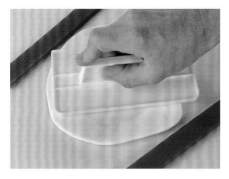  

1 将糖膏擀制成5mm厚（擀的时候最好使用间隔条）。将你所选择的镂花模放在糖膏上。为了确保镂花的边缘干净、整洁，将一个整平器放到镂花模上，轻轻地将镂花模压在糖膏上，使镂花模不移动即可。

2 调配好色粉，形成合适的色调（我是用深粉色和白色调成中粉色）。将刷子蘸上色粉，轻轻敲掉多余的粉，然后仔细地刷在镂花模上。按照自己的喜好在图案的不同部分刷上不同量的色粉，这样可以形成不同浓度的色彩。将镂花模上多余的色粉刷掉，让你在揭开镂花模上就不会有散粉掉下来，破坏下面的图案。

3 小心地将镂花模揭开，让图案显现出来。用切模切出一个和纸杯蛋糕顶部相等的圆形，然后用抹刀轻柔地将其托起并放到纸杯蛋糕上。必需时可以用干净的手指轻轻地按压糖膏，使其与纸杯蛋糕充分贴合。每次按压的时候要确保手指干净，否则会破坏图案。

爱心满满
哑光色粉创造出的柔和、浪漫图案。

多色哑光色粉

 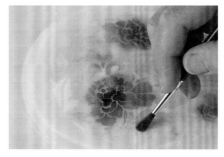 

1 首先，和食用哑光色粉一样，将糖膏擀好。混合不同的色粉以调制出合适的颜色。将一支柔软的刷子蘸上一种色粉，轻轻敲掉多余的粉，然后仔细地刷在镂花模的几个部位，增加或减少色粉的用量以形成不同浓度的色彩。例如，在花朵的中央涂上深紫色，然后在周围的一些花瓣上和叶子边缘刷上浅一些的颜色。

2 用一支干净的画笔蘸上另一种颜色，仔细地给其他部分涂上色。例如，给花朵外缘的花瓣涂上浅粉色。可以按照自己的喜好给镂花模涂上多种颜色，但是在更换颜色的时候，记得使用干净的画笔，并且去掉各种颜色之间多余的色粉，以确保不会混色。

3 小心地将镂花模从糖膏上揭掉，让图案显现出来。和哑光色粉的步骤3一样，将糖膏盖到纸杯蛋糕上。

多彩牡丹
这款绝美的纸杯蛋糕使用了多种不同颜色的哑光色粉。

使用蛋白糖霜

　　使用蛋白糖霜（见糖膏配方章节）进行镂印的秘诀在于其稠度的调配。用于镂印的蛋白糖霜应该打发到中度发泡、尖角硬度合适为止，这样才不会渗透到镂花模下面去，在镂花模拿掉之后也不会溢到镂花的图案外面。要增加蛋白糖霜的稠度，可以添加糖粉；要降低稠度，则添加水。在蛋糕或蛋糕托板上镂印之前，先在一块多余的糖膏上试一下。有些镂印图案比其他的图案更加宽容，但是，图案越精细、具体，需要的蛋白糖霜就越硬，这样才能实现更好的效果。

歪斜婚礼蛋糕饼
这款歪斜蛋糕饼的"层"可以用各种颜色和图案进行装饰，因此请大胆尝试，创造独特的造型。

用于饼干

1 将糖膏擀成5mm厚。用饼干模切出形状，但是不要把旁边的糖膏拿掉，这样镂花模才能平放。将镂花模放在糖膏上，用抹刀将蛋白糖霜小心地抹在相应的部位。用一抹或两抹从左到右（或从右到左）地抹开，一次完成，不要抬起抹刀，否则可能会把镂花模也带起来，将图案弄花。

2 将蛋白糖霜抹平之后，小心地将镂花模揭开。蛋白糖霜的厚度完全取决于个人喜好。如果抹得很薄，可以创造出有趣的两种色调效果，使糖膏颜色透过蛋白糖霜显现出来。如果抹得厚一些，图案则更具纹理效果。

4 用一把干净的抹刀快速地扫进糖膏下方，以免使图案变形，然后小心地将形状放置到饼干上。继续使用其他颜色的糖膏和蛋白糖霜，选择相配的颜色组合和镂花图案。

3 如果需要，可以用抹刀将印好花的糖膏切成所需形状。在这个例子中，将歪斜蛋糕的下层和上层切开，去除印花形状周围所有多余的糖膏。在饼干表面涂上饰胶，用作胶水。

小窍门

镂花模的清理：将用过的镂花模放到一碗水中，使蛋白糖霜溶解，然后把它拍干。

用于纸杯蛋糕

1 将糖膏擀成5mm厚。切出和纸杯蛋糕顶面相匹配的圆形，但是不要把旁边的糖膏拿掉，这样镂花模才能平放。将镂花模放在糖膏上，用抹刀将蛋白糖霜抹在相应的部位。用一抹或两抹从左到右（或从右到左）地抹开，一次完成，不要抬起抹刀，否则可能会把镂花模也带起来，将图案弄花。

小窍门

如果使用白色的蛋白糖霜，添加一点超白色粉可以使它看起来更不透明。

奢华下午茶

在有色的背景上使用白色的蛋白糖霜，加上金属质感的纸杯蛋糕模的衬托，创造出这款时髦的纸杯蛋糕。

2 将蛋白糖霜抹平之后，将镂花模揭开，去掉多余的糖膏。

3 用曲柄抹刀快速地扫进糖膏下方，以免使图案变形。然后小心地将圆形放置到纸杯蛋糕上。闲置几分钟，让蛋白糖霜变干（要忍住用手去摸它的冲动）。

4 糖膏应该放置到位了，但是可能还需要用手指轻轻地将边缘压下去一点，让糖膏与纸杯蛋糕更充分的接触。等蛋白糖霜干透了之后再压，防止镂花图案变形或被弄花。

用于蛋糕托板和蛋糕顶部

　　装饰蛋糕和蛋糕托板顶部的原则是一样的。选择一个合适的镂花模，按照下面的步骤进行。对于蛋糕托板，可以使用一个比托板大的镂花模。虽然需要将图案的边缘修整一下，但是用一支湿画笔就可以轻松搞定。

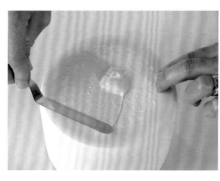

1 用可食用色膏或液体颜料将蛋白糖霜调配成合适的颜色。将镂花模放置在已盖好糖膏的蛋糕或托板中央，然后将蛋白糖霜撩到镂花模的中间，糖霜的重量可以作为固定物，防止镂花模移动。

2 用曲柄抹刀或刮刀侧面的长边小心地将糖霜从中央开始平平地抹到边缘。每抹一刀之后，去掉刀上或镂花模上多余的糖霜。

3 将整个镂花模都抹上糖霜之后（尽量使糖霜的厚度一致），小心地将多余的糖霜抹掉。获得满意的效果之后，小心地把镂花模拿掉。

小窍门
如果镂花有小错误，可以趁糖霜还没干时，用一支湿画笔来修改。

红粉佳人
这款粉色蛋糕上使用的蛋白糖霜只比糖膏的颜色稍微深一点点。当然，你也可以使用对比鲜明的颜色来创造更加抢眼的效果。

用于蛋糕侧面

在蛋糕的侧面进行镂印可能会有点挑战性。有两种操作方法：一种是用蛋白糖霜直接在蛋糕的侧面进行镂印，另一种是用可食用色粉或蛋白糖霜在一条糖膏上镂印，然后再把糖膏盖到蛋糕上。要选择哪种方法取决于你想要达到的效果以及镂花图案本身。将镂花模围绕在蛋糕侧面时，如果你发现镂花模的某些部分与蛋糕侧面并不贴合，那么最好的方法是在一块糖膏上进行镂印。镂印好后，让一个人帮你一起把糖膏贴到蛋糕上去。本章开始时展示的"堆叠帽盒蛋糕"的中间那一层就是用这种方法制作的。下面介绍的是怎样直接在蛋糕侧面进行镂印。

小窍门

先在一个假蛋糕或蛋糕模上练练手，然后再应用到真正的蛋糕上去。

1 在给蛋糕侧面盖上糖膏时，使用直角尺可以确保你的蛋糕侧面是垂直的（见"给蛋糕和托板盖糖膏"章节）。然后放置一段时间，让糖衣变硬。用镂花模侧面固定工具将镂花模固定到位。你可以在镂花模的一端插上几根大头针，防止镂花模移动。

2 在蛋糕上面用刮刀侧面放上蛋白糖霜，然后从用大头针固定的镂花模一端开始，小心地将糖霜抹在镂花模上。必要时可以增加糖霜的量，确保整个图案都被涂满。尽量涂得厚度一致，小心地将多余的糖霜抹掉。

3 达到满意的效果之后，小心地拿掉大头针，拆掉固定装置，这样镂花就显现出来了。如果你想要再增加一部分镂花，得先让之前的蛋白糖霜变干之后再进行。

无缝衔接

要想装饰堆叠帽盒蛋糕中的不同层，你需要数次使用你所选择的镂花模，用本章中描述的方法调整镂花模。

多色效果

在一个镂花模上使用几种不同颜色的蛋白糖霜可以实现令人激动的多色效果。多种颜色会融合在一起，每次重复这个步骤时，获得的结果都会稍有不同。这十分适用于一组纸杯蛋糕或饼干，让每个蛋糕既相似又不同。

日本风情

这个具有日本风情的图案是用从浅到深不同色调的粉色蛋白糖霜进行镂花制作的。

1 使用可食用色膏或液体颜料分别调配不同颜色的少量蛋白糖霜，必要时可以使用超白色粉进行增白。将你的镂花模放到擀好的糖膏上，然后在镂花模的不同部位放上小块的不同颜色的蛋白糖霜，为了进行得更快一些，最好使用不同的抹刀。

2 拿一把干净的抹刀，用几抹刀小心地将各种颜色的蛋白糖霜抹开、混合。涂抹的方法将决定各种颜色在镂花模上的分布，因此，在开始抹之前请仔细考虑你想要获得的效果。

3 抹出你想要的效果且将蛋白糖霜抹平之后，小心地将镂花模揭开。如果你想要装饰一整批纸杯蛋糕，需要确保每种颜色的蛋白糖霜都准备得够多。你也可以使用从每个镂花模上抹下来的多余糖霜，但是这样一来，各种颜色就不鲜明了。

调整镂花模

如果你发现你所选择的镂花模图案并不十分适合蛋糕的尺寸或形状，可以用重复图案或遮盖图案的方法调整镂花模，这两种方法可以单独使用，也可以配合使用。

小窍门

镂花模在使用完之后，将它洗干净，晾干保存，以使它们保持一流状态。

重复图案

在蛋糕侧面进行镂印时，这种方法尤其有用，因为大部分侧面镂花模都设计成图案后可以无缝衔接。这种方法的秘诀在于让之前的镂花图案先晾干，把镂花模洗净、晾干后再进行新的镂印。进行新镂印时，镂花模的放置要让图案看起来与之前的连续，然后按照之前描述的方法抹上蛋白糖霜。

遮盖图案

使用重复图案法在蛋糕侧面镂印时，你可能还需要用到遮盖图案法，以确保整个图案完美吻合。如果你希望只使用一个镂花模的某一部分时，也要用到这种方法。在想要使用的部分周围用遮蔽胶带贴上即可，这样还可以防止你不小心镂印到所需图案的外面去。

添加修饰

通过简单的方法就可以使漂亮的镂花图案更上一层楼，创造出效果惊人的作品。这里介绍一些入门的简单方法。

名牌泳衣

你可以随心所欲地装饰这些饼干。这个例子中用切出的花朵给镂印图案锦上添花。

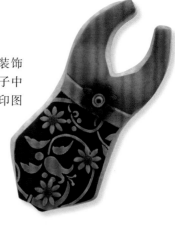

裱花

在镂印图案上用裱花嘴增加一些相同颜色或对比颜色的蛋白糖霜小点（见裱花章节）。这些小点可以按照需要裱在镂花的旁边或者上面。在一块多余的糖膏上试一试，你会发现用裱花点可以很容易改变镂花的样子和效果。

切花

用切出来的形状给镂花图案增加更多的颜色和纹理是十分有效的方法。仔细选择颜色，考虑好切花的大小，你需要创造出镂花和切花是一体的效果。大胆尝试吧，如果切花放置的位置不合适，就可以很容易地取下来（见切花模章节）。

铸花

使用铸模压制的装饰形状（见铸模章节）可以快速而高效地给你的镂花增加更多颜色，使它变得更加有趣。用不同的铸花进行试验，看哪种和你的图案相配。

自己制作镂花模

如果你找不到合适的镂花模，或者想创造完全个性化的蛋糕，自己制作镂花模就是最佳选择。你可以使用手头现有的材料，也可以使用专业工具。

欢乐加层

市面上销售的镂花模有限，自己制作则有无穷可能。

使用现有的材料

你将需要切镂花模的材料以及某种切割工具。例子中使用的是卡片、美工刀和打花器。当然，你可以尝试手头现有的其他材料。

美工刀

在卡片上画好或者临摹好你的图案。这里我是用铅笔将图案画在卡片上的，但你也可以直接临摹一个合适的图案或形状。将卡片放到裁切垫或合适的表面上，用美工刀将图案切割好。

打孔机

如果你想在镂花模的边缘附近制作一些图案，一般的花样打孔机都是可以的。但是，并不是所有的打孔机都可以穿透较厚的卡片，所以你可能需要别的材料，例如比卡片更薄的蜡纸。

使用专业工具

你需要一张塑料镂花纸和一个镂花工具。镂花工具可以融化镂花纸，形成镂花图案。

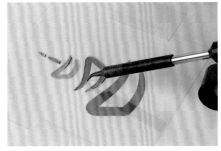

1 将你的设计图案放到塑料镂花纸的下面，用胶带固定。加热镂花工具（通常需要5分钟的时间），注意镂花工具的顶部会变得很热，请务必小心，避免烫伤。一定要仔细地阅读和遵守厂家的使用说明。

2 用手握镂花工具的时候要保持笔尖处垂直，手靠在桌面上，就像在写字一样。快速而流畅地描绘出你的设计图案，不要太过用力，只要刚好感觉到笔尖下面的表面就行（切割是通过热度实现的，而不是压力）。尽量不要在某个点停留，因为持续的热量可能会损伤镂花模。

3 和其他方法一样，熟能生巧，你可以先用这个工具在小图案上练习一下，再着手开始大工程。制作好满意的图案之后，就可以用本章中所介绍的方法使用这个镂花模了。

美味图腾
这个纸杯蛋糕上的图形是用加热工具在塑料镂花纸上切割出来的。

镂花模的其他用途

镂花模的另一种用法是在糖膏上制作浮雕效果的图案。想在较大面积的蛋糕上（例如蛋糕托板）制造一些微妙的花纹时，这个方法尤其有用，直接在上面压花就行了。这种方法对小面积的饼干和纸杯蛋糕等也同样有效。

俏皮人字拖
这些饼干是用镂花模在鞋板上印出独特的浮雕花纹。

1 将糖膏擀成5mm厚，擀的时候最好使用间隔条。将你的镂花模放到糖膏上，用力将整平器压下去，使糖膏从镂空的地方挤压至镂花模的表面高度。对图案的其他部位也重复这个步骤。

2 小心地将镂花模揭开，如有需要，重新放回再次压花，取得满意的效果之后再用切模切出形状。

切模

　　使用切模来制作各种形状是糕点装饰中一种十分简单而高效的方法。重复切出相同形状，将它们层叠起来或拼靠在一起形成新的形状，也可以将一个形状嵌到另一个里面去。充分发挥创造性，打破固有思维。你可能用的是一个花瓣形的切模，但是它一定要代表花瓣吗？只用一种形状可以创造出什么图案？当你将一个不对称的形状和它的镜面形状组合到一起会有什么效果？不要只看到你创造的形状图案，也要考虑这些形状之间的空间。

本章内容：

关于切模
★ 塑料切模
★ 金属切模

使用切模
★ 切割简单的形状
★ 切割精细的形状

层叠
★ 使用单个切模
★ 使用多个切模

邻接

内嵌

马赛克

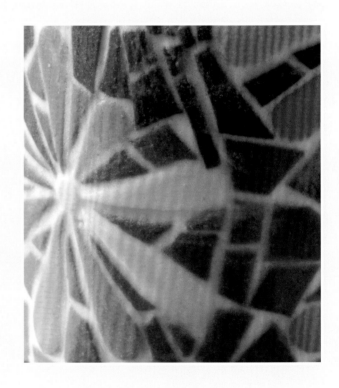

小窍门

从身边寻找灵感，看看卡片、礼物包装纸、窗帘、衣服、建筑、铁艺栏杆、彩花玻璃上的设计，发挥自己的创造性，而不只是模仿！

花团锦簇

这款色彩鲜艳的蛋糕上的花朵和镶边用了众多不同的切模。让想象力任意驰骋，看自己能创造出什么图案！关于该蛋糕的详细制作步骤可参见"范例"一章，本章中展示的其他蛋糕的所需材料、制作步骤在"范例"一章也有说明。

关于切模

市面上可以买到各种各样的专业糖膏切模，你可以根据自己的喜好以及想要创造的形状自由选择。

塑料切模

塑料切模通常是批量生产的，所以一般是大部分蛋糕装饰者所需的基本形状和尺寸，例如心形和花朵形。塑料切模的优势在于多次使用也不容易变形，但是必须小心存放，因为切刃可能会被其他工具和切模损坏。切刃的质量也各有不同，通常没有金属切模的切刃锋利。

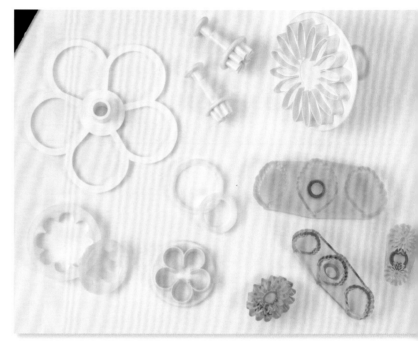

金属切模

市面上有多种金属切模设计，它们的质量参差不齐，因此请在你能力范围之内购买最好的一种。廉价的金属切模通常是用镀锡铁皮制成的，这意味着它们必须保持干燥，否则就会生锈。洗完之后不要让它们自然风干，而是用布彻底擦干或者放入温热的烤箱中以烘干水汽。而不锈钢切模则较容易打理，可以直接用洗碗机清理，但是价格也较高。金属切模的金属厚度也不尽相同；薄的切模更加锋利，但是容易变形，而厚的切模则更加坚硬，但切起来没那么利落。

使用切模

　　使用切模切出形状十分简单，用一张擀薄的造型膏和你所选择的切模即可完成。我通常推荐将造型膏擀成1.5mm厚，并且使用间隔条来确保均匀的厚度。但是，有些设计需要更薄的造型膏，而有些切花形状则需要厚实一些才更合适。下面的步骤说明了怎样使用一些不同的切模。

这就是爱
美味的纸杯蛋糕上简单的切花形状！

★ 切割简单的形状

1 将你的造型膏放在间隔条中间擀薄，最好是在不粘的案板上擀。将你所选择的切模压到造型膏上。最好是轻轻地将切模扭动一下，以确保它切透糖膏（使用塑料切模时这一点尤其重要）。

2 去掉多余的造型膏，让切出的形状放置一会儿，使其变得更坚实，这样可以防止形状变形。用一把抹刀扫到切出的造型膏形状下面，将它们从案板上撩起来。有些切模切出的形状有些毛边，在这种情况下，先用手指将毛边压下去，然后再用糖胶把它贴在蛋糕上。

活塞切模
活塞切模通常可以成功地切出整齐的形状。将你所选用的活塞切模压到擀好的造型膏上，快速地左右扭动一下。拿起切模（切出的形状应该和切模一起离开），用手指在上面抹一下，以去掉造型膏碎屑，然后把活塞压下，这样形状就出来了。

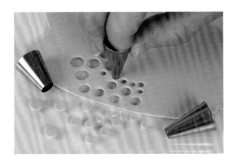

裱花嘴
裱花嘴可以很好地作为小型切模使用，而且那些朴素的圆形特别有用。将你所选用的裱花嘴套到食指上，将它压到新鲜擀好的造型膏上。如果切出的形状嵌到了裱花嘴里，可以用一支柔软的笔刷将它推出来。

切割精细的形状

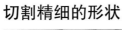

1 为了获得清晰的形状，不要将切模压到造型膏上，而是将造型膏放到切模上，然后用擀面杖擀一下。

2 用手指沿着切模的边过一圈，然后将切模翻转过来，用一支柔软的笔刷小心地把形状推出来。

层叠

我有很多蛋糕设计都是通过层叠创造出来的。它们乍看上去十分复杂，但是将元素拆解之后就会发现，它们只是层叠在一起的简单形状。

印度玫瑰

这个迷你蛋糕上的花朵用了两层切出的花朵形状造型膏，还有一层在糖膏上压出的花纹。

使用单个切模

1 要想创造出形状相同而大小稍有不同的切花，但手头上又没有两种切模，可以在间隔条中间擀出两种不同颜色的造型膏，然后用同样的切模切出形状。用整平器将其中一种形状的切花压扁，使形状成比例地放大。

2 在放大的切花上抹上糖胶，用抹刀或笔刷小心地将另一种颜色的形状放到它上面，使较大形状的边缘显露出来。把它们贴到蛋糕合适的位置上。

使用多个切模

按照前一页的说明，切出不同大小、颜色的造型膏。将这些形状逐一层叠起来，用糖膏或水来固定。上面照片中的花朵用了4层，最上面的迷你蛋糕用了3层，而本章开始时的"花团锦簇"蛋糕中用了5层。多多试验，看看哪些形状、尺寸和颜色最合你心意。

小窍门

在擀造型膏之前，先将其揉热。如果造型膏有点硬或者太易碎，添加少量白色植物油脂（起酥油）或水使它变软（应该坚实但又不失弹性）。

72

邻接

　　将简单的形状邻接起来可以成功地创造出令人惊叹的图案。简单来说，邻接方法就是把一个形状紧挨着另一个放置，使它们的边缘相邻。但是，那些形状并不总是能够互相紧挨在一起，因此，邻接需要使用一种形状的切模将相邻的形状切成与它互补。这可能需要花费一些时间和耐心，特别是在尝试复杂的设计时，但是请坚持住，你会获得令人惊艳的效果。下面的步骤说明了怎样用一个圆形切模创造出一排排邻接的形状。但是，你也可以用尽可能多或者尽可能少的切模来试验这种方法，只邻接两个形状，或者给整个蛋糕都盖上邻接的形状都无妨。

小窍门

要想将这种方法应用在纸杯蛋糕上，在刚擀好的糖膏上创造好图案，然后切出一个适合纸杯蛋糕大小的圆形。

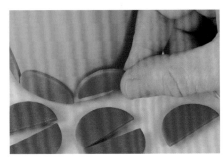

1 在间隔条中间擀好一块造型膏，确保厚度均匀。切出一些圆形，然后将每个都切成两半，沿着蛋糕的底边贴一圈，使半圆的直边靠在托板上，每个半圆都刚好挨着。

2 接下来，擀出另一种颜色的造型膏，厚度要和前一块一样，并切出相邻的圆形。用同样的切模，按照照片所示切出另一排圆形。将切出的形状贴到蛋糕上，形成第二排。

3 用另一种颜色的造型膏重复这个过程。先切好几排圆圈，再切出所需形状，以确保这些形状可以紧挨着前一排放置。不断重复，直到达到所需的排数。

东方快车

创造令人惊艳的图案并不需要许多种花样的切模。这款设计就只用了一个圆形切模，再加上几层用简单的花朵切模切出的上层花朵。

73

内嵌

这种方法是使用切模将一个形状嵌在另一形状里面，以形成一种设计图案。对于小的图案（例如这里的范例），可以在案板上制作好，再转移到蛋糕上。而对于大的图案，更好的做法通常是直接在蛋糕上制作，确保糖衣表面尽可能的坚硬，并且只在不会移除和替换的造型膏下面涂抹糖胶。

小窍门
裱花嘴也可以用作小的圆形切模。

1 分别在间隔条中间擀出不同颜色的造型膏，用塑料袋或保鲜膜盖好，以防止它们变干。用最大的圆形切模从擀好的一个造型膏上切出一个圆形，将切好的圆形留在原位（以防止它变形），然后小心地去掉多余的造型膏。

2 用一个稍微小一些的圆形切模从大的圆形中间切掉一个圆。用划线器可以方便地将不需要的圆形取出来。

3 用另一种颜色的圆形替代被取出的圆，用指尖在两个圆中间接口的地方轻按一圈，使中间没有空隙。继续前述步骤，用不同颜色的圆替代切掉的圆。

4 制作一系列不同尺寸和颜色的同心圆。用抹刀将完成的圆形小心地从案板上撩起来，用糖胶贴到蛋糕上。如果你想让你的圆像图中那样与别的圆邻接，在转移到蛋糕上之前先切掉相应的部分。

圈圈圆圆
将造型膏的几个圆形内嵌在一起，便创造出这一引人注目的几何图案设计。

马赛克

用糖膏来制作马赛克可以达到很棒的效果，只是在每个阶段结束后需要一点时间使其变干。用不同大小和形状的切模来创造你的图案，把大块的糖膏切成小块以形成更多拼接碎片。你可以从安东尼·高迪（Antoni Gaudi）的那些令人惊叹的建筑设计中寻找灵感，他是一位名副其实的马赛克大师。这里介绍了如何制作一个以蓝色和绿色为背景的多色花图案，对于其他你想创造的任何设计，制作方法也是相似的。

可口马赛克
用造型膏摆放好图案，然后用软化的糖膏作为灌浆将这些拼接片粘起来。

1 揉搓好一些不同颜色的造型膏。将造型膏在相距很近的间隔条中间擀平，使所有马赛克拼接片的厚度相同。从不同颜色的造型膏上切出花瓣形状，然后摆放在已经盖好糖膏的蛋糕或盖好膜的托板上。

2 接下来是制作背景拼接片。擀好不同于花瓣颜色的造型膏，然后用花瓣切模在背景色上制作出与前景图案相同的花朵。将切下来的花瓣拿掉，然后用一把美工刀或切割轮刀将剩下的形状切成小片，用来填满背景空间。

3 用抹刀将切好的拼接片抬起并分开，然后用湿画笔将这些拼接片放到蛋糕或托板合适的位置上，确保在所有拼接片之间都留有一条小缝隙（在需要时对拼接片的大小进行修整）。拼好之后，放置晾干。

4 等造型膏干燥之后，挑选一种对比色的糖膏（我用的是白色），在案板上放一些。加入一些水，用抹刀将它们混合均匀。再加入更多的糖膏和水，直到糖膏变成可以涂抹的稠度。

5 将软化的糖膏用抹刀涂抹在拼接片上，使糖膏填满它们之间的所有缝隙，先只抹一部分。用抹刀把多余的糖膏都去掉。

6 用一张沾湿的厨用纸巾小心地将拼接片上遗留的糖膏抹掉，然后放置晾干。重复这两个步骤，直到完成所有部分。

糖花

　　花朵也许是所有蛋糕装饰里最受欢迎的一种元素。介绍糖花制作艺术的书籍有很多，但是我在这里只能简单介绍一下。花朵最简单的表现方法就是用切模切出花朵形状（见"切模"章节）。另外，更加有趣的花朵表现手法是用造型膏制作的类似布料质感的花朵，甚至是制作仿真花。

本章内容：

布艺花
★ 玫瑰
★ 小野花
★ 大丽花

简单的杯形花

仿真花
★ 罂粟
★ 牡丹

小窍门
选择用切模切出简单的花朵形状，还是制作全尺寸的仿真花朵，这都取决于你想要获得的效果以及你想花费的时间。

时尚提包
这只靓丽的手提包蛋糕上使用了立体的布料效果玫瑰、大丽花和其他花朵来装点，绝对让所有追随时尚的美女垂涎三尺！关于该蛋糕的详细制作步骤可参见"范例"一章，本章中展示的其他蛋糕的所需材料、制作步骤在"范例"一章也有说明。

布艺花

许多手工都是相通的，很多创意都可以相互借鉴，布艺花也是如此。这里的三个范例通常是用布料或皮革制作，但是用造型膏制作出来放在蛋糕上效果也是极好，而制作它们所需要的材料只是擀得很薄的造型膏。你还可以用布料效果擀面杖或类似的工具在造型膏上制造出布料的纹理，这样看起来更加逼真。

温柔玫瑰

暖色调的布料效果玫瑰奠定了这款纸杯蛋糕的浪漫基调。

玫瑰

1 将造型膏擀成很薄。确保你的造型膏密实但有弹性（如果有点干或弹性不够，可以加少量白色植物油脂或水）。将擀好的造型膏对折，然后切成1.5cm（制作小玫瑰）~7cm（制作大玫瑰）的宽度。

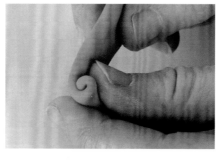

2 从造型膏的一端开始，将它卷起来。

3 一边卷一边将切的那一边压紧，给花朵创造出饱满但又不拥挤的效果。

4 最后用剪刀将背面的茎部剪掉。

玫瑰

小野花

大丽花

布艺花

本章开始处的蛋糕在一个仿真的手提包上使用了所有这些花朵。尝试一下不同的花朵排列和组合，看看可以取得怎样不同的效果。

小野花

制作这种花朵还要用到一个椭圆形的切模，切模的大小取决于你想要花朵的大小。

漂亮小花

将这种花朵三个一组装点出简单而甜美的纸杯蛋糕。

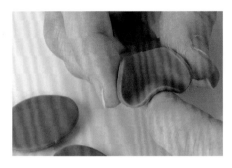

1 将造型膏放在距离很近的间隔条中间擀薄，然后为每朵花切出6个椭圆形。拿起一个椭圆形，捏在大拇指和食指中间，然后用另一只手将椭圆的一头从中间往上顶起。

2 将手指从中间移开，然后用大拇指和食指捏紧。牢牢地挤压住造型膏，使花瓣粘在一起。剩下的花瓣也如法炮制。

3 用画笔蘸一些糖胶，将花瓣粘贴成一个圆形。最后，做一个小圆球，将其用糖胶贴到花朵的中央。

大丽花

制作此花所需要的只是一些造型膏、一个车线工具和一个圆形切模。切模的大小取决于你想要制作的花朵大小。尝试一下不同的尺寸，看看哪种最适合。

粉色大丽花

纸杯蛋糕上装点的是用一只小圆形切模制作的布艺效果的大丽花。你可以用与纸杯模色调相配的造型膏来制作，也可以像范例一样，以形成鲜明的对比颜色。

1 将糖膏放在距离很近的间隔条中间擀薄，然后为每朵花切出8个圆形。将每个圆形都对折一下，然后将对折的半圆堆叠起来，用一点糖胶固定。不要涂得太多，只要将造型膏粘住就行，否则会使它们打滑。

2 将堆叠好的花瓣的折叠边朝下放置，将花瓣慢慢打开，两端用胶水粘起来。调整好花瓣的位置，使其均匀分布。

3 用车线工具沿着每朵花瓣的中间折线划一条缝线。在把花朵放到蛋糕上之前，先让它稍微晾干一些，这样更牢固。

简单的杯形花

这种花朵的制作方法也很简单，你只需要一些造型膏或糖花膏、一个花瓣切模、一个球形工具和泡沫垫以及一个成型器。

小窍门

如无合适形状的泡沫垫，可将"花瓣"置于掌心塑形。

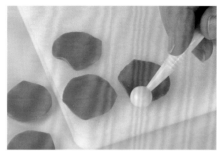

1 将造型膏擀成很薄，并切出一些花瓣形状，花瓣的数量取决于你所用的花瓣切模以及你想要花朵呈现的丰满程度。在此范例中我用了6片花瓣。

2 在用切模切出花瓣之后，需要把毛糙的切边修整一下。将花瓣放到一块泡沫垫上，然后用球形工具一半按压在花瓣上，一半按压在泡沫垫上，使花瓣的边缘变得柔和。稍微用力按压，使造型膏变薄，这样花瓣的边缘就会形成起伏的荷叶边。

3 要想让花瓣晾干后保持杯子状，你需要一个成型器。市面上可以买到现成的聚苯乙烯成型器，尺寸也有很多供选择。你也可以用铝箔弯曲成杯子状放在一个圆形的面团切模、杯子或其他边缘为圆形的东西上，自己制作成型器。

4 将花瓣交搭着摆放在成型器里。用少量的糖胶将它们固定到位。花蕊可以多种多样，在这里我只是简单地用造型膏捏成一些小球，颜色和蛋糕相匹配，然后用糖胶把它们粘在一起。

花样优雅

最上面的一朵简单的杯形花使这款迷你蛋糕成为一件精美的艺术品。

仿真花

这种花是用糖花膏制作的，因为糖花膏可以擀得特别薄，并且干燥之后还很坚硬。用糖花膏制作的花朵可以很好地保持形状，不像其他糖膏一样在受潮之后容易变形。但需要注意的是，干燥之后的糖花膏很易碎，因此请务必小心地搬运。这种花虽然从技术上来说是可以使用的，但是并不好吃，可以当做很好的纪念品。

栩栩如生
这款红艳罂粟蛋糕（见"涂绘"一章）上装饰的罂粟花非常逼真，你误以为它是真花也是情有可原的！

罂粟

我喜欢罂粟花明艳而简单。它们的花瓣可以是任何颜色，可以用来装点许多不同配色的蛋糕。罂粟花通常有4~6片花瓣。制作这款红艳艳的罂粟花，你需要红色、绿色和黑色的糖花膏、一个罂粟花瓣切模、一个双面的罂粟花瓣脉纹器、一个成型器以及一些基本的造型工具。

1 将糖花膏擀成很薄，为每朵花切出4片花瓣。将花瓣放在泡沫垫上，用球形工具一半按在花瓣上，一半按在泡沫垫上，将切边整理柔和。把它放到双面脉纹器的一半的上面，然后用另一半盖住，确保这两半对准确。用力往下压，使花瓣形成纹路。

2 取出花瓣，放到成型器里。压好第二片花瓣之后，把它与第一片对着放置。再压两片，放在前两片的上面，角度与前两片呈90°。

3 红色罂粟花上会有些黑色的点点，你可以用黑色的可食用色粉涂在花瓣的底部，以形成这种效果。然后剪一些小条的纸巾，扭起来插在花瓣之间，以使它们形成空隙，看起来更逼真。

4 现在制作花蕊。用糖花膏做一个绿色的小锥形，然后用镊子在小锥顶面夹出8个小脊。用一个刻纹工具沿着侧面往下轻轻地划一些条纹。

5 制作花的雄蕊。擀一条很薄的黑色糖花膏，然后用切割轮刀快速地来回切出一些扁平的Z字形。

6 在切好的Z字形两边各切一条直线，以形成单独的两条，然后将其围绕在雌蕊旁边。我的雄蕊绕了两层，你也可以只绕一层。

牡丹

牡丹雍容华贵、富丽堂皇，素有"花中之王"的美称，用来装饰蛋糕十分漂亮。牡丹的花瓣数量比一般的花朵要多很多，但是可以用切模轻松地切出来。制作牡丹需要糖花膏、可食用色粉（用来修饰花瓣颜色）、一个大号5瓣花朵切模、一个陶瓷脉纹工具、一块泡沫垫、一个球形工具、一个聚苯乙烯杯状成型器，还有一些基本的造型工具、糖胶以及一些纸巾。

1 将糖花膏擀薄，切出两个大的5瓣花朵的形状。用切割轮刀从花瓣边缘切掉一个小的V字形（如图所示）。用塑料袋或保鲜膜盖住暂时不用的糖花膏，防止它变干。

2 用陶瓷脉纹工具在每朵花瓣上滚动一下，以给花瓣增加一些纹理和趣味。方法是将工具尖的一段放到花朵的中央，然后轻轻地按压工具以花朵中央为圆心在每朵花瓣上滚动。

3 将压好纹路的糖花膏放到泡沫垫上，用球形工具把边缘压柔和。压的时候使小球一半在糖花膏上，一半在泡沫垫上，把花朵边缘都压一遍（压得越用力，花瓣就翘得越厉害）。

4 将一组花瓣放到聚苯乙烯杯状成型器里，然后把第二组也放上去，放的时候要使第二组的花瓣与第一组错开。用扭成小条的纸巾插到两层花瓣中间，以增加它们之间的空隙。

国色牡丹

一朵糖花牡丹会给蛋糕带来精致高雅的感觉，就像"镂印"章节中的堆叠帽盒蛋糕一样。

5 要制作中间的花瓣，从擀薄的糖花膏上切出5个大的花朵形状，留出1个，把其他4个都盖上，以防止它们变干。用脉纹工具和球形工具像之前一样压好花瓣，然后把每个花瓣都向中间折起，再折一次，制作出卷得很紧的花瓣。必要时用一些糖胶，但是不要把边缘压得太紧（你并不是要把花瓣都粘在一起，而是要给它们造型）。

6 其他花瓣也做同样处理，然后把所有花瓣都立起来，使它们与原来花朵的中心垂直。

7 用手指把直立花瓣的底部捏紧，放到制作好的外花瓣中央，用糖胶固定。剩下的4个花朵形状也做同样处理。

红粉佳人
糖花牡丹造型多变，使用艳丽或淡雅的颜色都可以，能够搭配各种不同的设计。

8 用压纹工具打开和调整花瓣的位置，使花朵显得更自然。用除尘刷蘸一些色粉涂在花瓣的中央，让花朵看起来更有深度。

9 在花瓣中间插入一些扭成小条的纸巾，以帮助花瓣在干燥的过程中定型。等牡丹干燥变硬但尚未完全干燥时，从成型器中取出（这时候花瓣应该仍会有些变形）。在需要时添加一个花萼，然后将其安置在蛋糕上。必要时再加一些纸巾条，然后让它完全干燥。

压花

　　如果你想在蛋糕和饼干上添加精致或低调的纹理图案，压花便是不二之选。压花是把图案压在柔软的糖膏上，在上面留下相反的图像能够瞬间将单调的表面变成了美丽的艺术品。你可以用市面上能够买到的压花器、蛋糕装饰工具或糖膏切模，也可以根据想要获得的效果自己制作压花器。本章将像你提供一些不同压花方法的灵感。

本章内容：

市面有售的现成压花器

★ 小型压花器

★ 较大的压花器

带纹理的擀面杖

用糖艺切模做压花器

用糖艺工具做压花器

★ 球形工具

★ 切割轮刀

★ 裱花嘴

使用非糖艺物件

★ 带纹理的墙纸

自己制作压花器

小窍门

压花一定要在新鲜的糖膏上进行，一旦糖膏干燥或表皮变硬，就无法成功地进行压花。

舒适靠垫

在这些雕花靠垫蛋糕里，压花的糖膏上面还使用了压花的造型膏形状来为其锦上添花。关于该蛋糕的详细制作步骤可参见"范例"一章，本章中展示的其他蛋糕、饼干的所需材料、制作步骤在"范例"一章也有说明。

市面有售的现成压花器

　　下面你将看到许多中在软糖膏上压花的方法，但通常最为简单的方法就是使用可以买到的现成压花器。这种压花器通常是用食品级塑料制成的，表面有图案，而且通常图案设计较为精美、繁复，在背面有一个手柄，让你可以将压花器从压好花的糖膏上拿起来。市面上可以买到的压花器多种多样，从微小的蝴蝶和优雅的边纹图案到与实物一般大小的花朵和时髦的蛋糕侧面设计。选择适合你所设计的蛋糕或饼干的压花器吧。

切模式压花器

杆式压花器

小型压花器

　　选择适合自己的压花器，确保能够用手牢固地拿捏住它。

　　个人认为，对于小型图案来说，杆式压花器较好操作。

婚礼马甲

就像这个马甲设计一样，压花是一种能够快速地在糖膏上增加有趣纹理的方法。

1 将糖膏擀成5mm厚，擀的时候最好使用间隔条。如果是装饰蛋糕，把糖膏盖在蛋糕上；如果是装饰饼干，则把它留在案板上。用你的大拇指和食指捏住你所选用的压花器，使它垂直于糖膏并压下去。重复这个步骤，确保每次压的时候都用力均等，这样图案的深度才能一致。

2 如果是装饰饼干，用饼干切模从压好花的糖膏上切出形状，然后转移到饼干上。

较大的压花器

　　许多较大的压花器有着深度不等的压花边缘，这意味着它们既能作为切模使用，也可以用作压花器。下面这个范例说明了怎样用这种方法来装点纸杯蛋糕。

繁花似锦

纸杯蛋糕上较大的图案是通过将压花器兼做切模使用后制作出来的。

1 将糖膏擀成5mm厚，擀的时候最好使用间隔条。在糖膏上印出一个适合纸杯蛋糕的圆形。选择一些合适的切模式压花器，在糖膏上压出图案（无需担心形状有交叠之处）。将压好花的圆形转移到纸杯蛋糕上。

2 将造型膏擀得很薄（你需要试验一下，看看哪种厚度最适合你使用的压花器），使压花器的外边缘能够切透造型膏，但是形状内部必须保持完好。你也可以用美工刀把形状切下来，可能这样更容易一些。切出和你压在糖膏上的形状完全一致的图形。

3 将压出来的形状放到压花糖膏上，将每个形状贴到糖膏相应的压花上面，使图案从背景中凸显出来。最后可以用可食用色粉或色膏涂在形状上，以加强压花的效果（见"涂绘"一章）。

带纹理的擀面杖

带纹理的擀面杖可以帮你简单而快速地在一块面积较大的糖膏上增加花纹。可选的大小和图案有很多，你可以挑选符合预算和设计的那种。

传统用法

擀好糖膏或造型膏，擀的时候最好使用间隔条。拿掉间隔条，用带纹理的擀面杖以均匀的力度在糖膏上擀，以形成均一花纹。擀一次即可，不要重复擀，否则会破坏图样。

创新用法

大胆尝试擀面杖的其他用法，例如在一张糖膏上用不同的擀面杖擀，使用不同的力度以形成波浪形的纹理效果，也可以固定住擀面杖的一端，用另一端绕着它擀，以形成放射状图案。

温柔玫瑰

纸杯蛋糕上的每片糖膏都用带纹理的擀面杖处理过，上面有着微妙的花纹。

用糖艺切模做压花器

许多糖艺切模都可以用作压花器，能够在糖膏上形成漂亮的花纹（用你已有的那些切模进行试验）。我个人认为，较精细的金属切模比厚实的切模效果更好，但是你使用哪种切模得取决于你想要追求哪种效果。

1 将糖膏擀成5mm厚，擀的时候最好使用间隔条。如果是装饰蛋糕，把糖膏盖在蛋糕上；如果是装饰饼干，则把它留在案板上。捏住你所选用的压花器，使它垂直于糖膏，并轻轻地压下去。注意不要用力过度得将糖膏切透。

2 重复这个步骤，确保每次压的时候都用力均等，这样图案的深度才能一致。如果是装饰饼干，用饼干切模从压好花的糖膏上切出形状，然后转移到饼干上。

婚礼花饼

这款婚礼蛋糕形状的饼干上的压花是先用小号的花朵切模压制出来的，然后又增加了一些纹理，以创造更丰富的层次。

用糖艺工具做压花器

糖艺工具在给糖膏压花时也十分有用。很多工具都可以用多种不同的方法来压花，因此请花时间来试验一下你工具盒中已有的工具。这里有3个例子。

球形工具

试着将小球轻轻地按压在糖膏上，形成一个杯状的内凹，这样可以创造出有趣的阴影，使图案更具吸引力。也可以用它在糖膏表面滑动，形成图案、轮廓或涟漪状（见"工具"一章）。

定制美鞋
用球形工具给这只鞋形饼干上的花瓣制造一些小凹点，使它看起来具有立体效果。

漂亮雨靴
这些长筒雨靴饼干上的线条是用切割轮刀制作的。

切割轮刀

切割轮刀一般是用来把糖膏切透后以切出某种形状；用它来压花的时候，需要力道轻一些，在糖膏的表面形成凹痕即可。你可以在糖膏上创造令人惊奇的图案，也可以给特定的形状增添一些细节。

小窍门
多花一些时间进行试验，因为你永远不知道自己可能会发现什么！

裱花嘴

试着用不同的裱花嘴在糖膏表面创造图案和压痕。我在这里用的是一些圆形裱花嘴，但是闭合的星形和花瓣形裱花嘴也同样有效。

事事甜蜜
这块饼干上的圆点是用不同大小的裱花嘴制作出来的。

使用非糖艺物件

有很多日常用品都可以用来给糖膏压花：勺柄、纽扣、瓶嘴、胸针、刷锅布、硬毛刷、蕾丝、墙纸……实际上只要是干净（不干净的作为涂层覆盖）、带有特定图案、尺寸合适的物件都可以用作压花器。看看你的橱柜里有些什么吧！

小窍门

刷锅布可以给糖膏增加细微的纹理。不过，一定要使用全新的刷锅布！

带纹理的墙纸

很多人都不会想到墙纸也可以用来给糖膏压花，但是只要涂上一层糖釉，就可以很好地使用了。墙纸的潮流图案多变，但是目前有很多种带纹理的墙纸可供选择，就像下面的这种一样。

1 考虑好你要装饰的糕点大小，选择你想要使用的墙纸。我通常将这种方法用在蛋糕托板上，就像这个范例里面一样。将墙纸剪成你想要压花的糖膏大小，然后在上面涂上一层或两层糖釉。

2 给蛋糕托板盖好糖膏，修剪掉多余的部分。将墙纸放在糖膏上，用整平器用力地从中间压下去，然后用均匀的力度在墙纸背面画圈，以使图案被压到糖膏上去。

3 压好之后，拿掉墙纸，这时糖膏已经延伸到了托板外面，需要把超出的地方修剪掉。放置晾干。

优雅花样

这款迷你蛋糕的叶子压花图案是用一张带纹理的墙纸制作的。

4 为了突出压花图案，可以在一种对比色的糖膏中加入少量水，混合成可涂抹的稠度，用抹刀或侧面刮刀将其抹在糖膏上，然后用湿纸巾把多余的擦掉。放置晾干。

自己制作压花器

　　有时候可能就是找不到自己想要的压花器。那么，为什么不利用自己的天赋和创意来制作一个自己的压花器呢？你将需要一个设计图案、一块洗净并用开水消过毒的亚克力板、一份蛋白糖霜、一只裱花袋和一个小裱花嘴。

小窍门

用这种方法制作的压花图案还可以很好地用作绘画刺绣的基底（见"裱花"一章）。

1　在纸上画好或描好你想要的图案。记住，你要制作的是一个相反的图像。在这个例子中，我对一块绣花桌布拍了照片，然后调整了照片的大小，使图案在托板上看起来更具吸引力。然后我用笔把图案的轮廓描下来。

2　将树脂板放到图案上，用胶带或几滴蛋白糖霜将它固定。将裱花嘴放到裱花袋里，并装入一半的新鲜蛋白糖霜，蛋白糖霜必须已经搅拌至顺滑的稠度。然后在树脂板上裱出图案的轮廓（见"裱花"一章）。

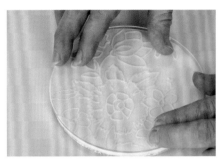

3　将树脂板在干燥温暖的地方放置一夜，让蛋白糖霜干燥。干燥之后，将树脂板扣在刚盖好糖膏的托板或蛋糕上，用均匀的力度把它压下去。

4　把树脂板拿开，可以看到糖膏上已经留下了花纹。在左图所示的蛋糕里，我在压花上用不同颜色的蛋白糖霜裱了一些线条，使它变成了我的刺绣布。

精美刺绣

为了压出蛋糕托板上的图案，我特意制作了一个专门的压花器。

工具

对于任何蛋糕装饰者来说，无论是入门者还是专家，糖艺工具都是不可或缺的。本章将向你介绍怎样有效地使用这些专用工具。

本章内容：

糖艺工具

刻纹工具

★ 刻出边缘饰纹

★ 刻出布料褶皱

球形工具

★ 添加轮廓线条

★ 使花瓣、叶片柔和

★ 使糖膏形成杯状凹陷

糖艺冲压器

★ 圆形冲压片

★ 网状冲压片

★ 绳索冲压片

可调尺寸的条形切割器

切割轮刀

★ 自由切割形状

★ 制作羽毛效果

美工刀

★ 切割简单的形状

★ 原地切割

★ 切割复杂的形状

非糖艺工具

高迪杰作
这款蛋糕设计的灵感来自高迪的建筑。侧面的波浪形线条是用装圆形冲压片的糖艺冲压器制作出来的。关于该蛋糕的详细制作步骤可参见"范例"一章，本章中展示的其他蛋糕、饼干的所需材料、制作步骤在"范例"一章也有说明。

糖艺工具

　　我工具盒中的工具来自不同的厂家，因为出于各种各样的原因，对于特定的工具，我总是倾心于某家特定的厂商。有的是因为工具的把手适合我，有的是因为我喜欢那个工具的优秀质感，也有的是因为那个工具只有一家生产。如果你可以借来一些工具试用一下，就再好不过了。如果借不来，就买你能够负担得起的最好的那种，因为拥有了合适的工具会使一切都变得简单得多！

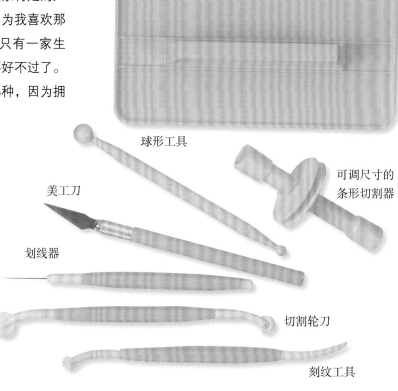

蛋糕整平器

球形工具

可调尺寸的
条形切割器

美工刀

划线器

切割轮刀

刻纹工具

小窍门

正确地选择你的工具，当心那些廉价的工具套装，因为它们可能并不值得购买。一定要从有声誉的厂家购买专业的糖艺工具。

刻纹工具

　　这也许是我工具盒里使用频率最高的一个工具。刻纹工具有许多用途，这里只是举了一些你也许没有想到的例子。

刻出边缘饰纹

我将刻纹工具与糖艺冲压器搭配使用，给蛋糕制作一条带有花纹的饰边。先用圆形冲压片制作一条细长的糖膏，将它围绕在蛋糕周围，然后用刻纹工具的尖端在上面压出均匀的花纹。

刻出布料褶皱

我发现这是一个非常有用的方法。用柔软的糖膏盖在你的蛋糕或饼干上，然后用刻纹工具在上面刻出花纹，调节刻纹工具的角度以达到不同的效果。让所有纹路的一端贴在一起，使整体效果看起来就像是褶皱在一起的布料。

迷人礼服

这块礼服裙饼干上逼真的布料褶皱是用刻纹工具制作的。

球形工具

球形工具是最为基本的工具之一，它的两头是不同大小的圆球。市面上可以买到多种尺寸的球形工具，你可以根据需要进行选择，但是，建议你从最基本的直径为6～12mm的球形开始。

桃色花瓣
这款迷你蛋糕上的花瓣和叶子都是用球形工具来造型的。

添加轮廓线条

擀好糖膏，将其盖在蛋糕托板、蛋糕或饼干上。用球形工具在表面压出花纹。你可以按压一下之后直接拿开，这样会形成一个杯状的内凹，也可以用它轻轻地在糖膏表面划出轮廓线条。

使花瓣、叶片柔和

在用切模切出叶子和花瓣形状时，总会留下尖锐的切边，这时候便可以用球形工具使其柔和。将叶子或花瓣放在泡沫垫上，用球形工具一半压在糖膏上，一半压在泡沫垫上，轻轻地在边缘处划动。

使糖膏形成杯状凹陷

球形工具还可以用来将一些平面的形状变成立体效果。将一些造型膏擀薄，切出形状，例如花朵状。将切好的花朵放在泡沫垫上，用球形工具按压花瓣的中央，沿着花瓣朝花心划动，让造型膏朝你划动的方向卷起来。

糖艺冲压器

糖艺冲压器（sugar shaper）又叫黏土枪、糖艺枪或美工枪，是一个很棒的工具，是每位蛋糕装饰师的必备品。糖艺冲压器的压动式挤压动作可以帮助挤出多种形状和尺寸的糖膏。它可以用来挤压多种糖艺介质，但是对造型膏和塑糖的效果最好。使用洞口较大或网状冲压片时可以选择糖膏，但是挤出来的边缘通常不平整。

冲压片及其使用

糖艺冲压器配备16个冲压片，用它们可以制作带条、字母、框架、篮子、藤蔓、草叶、绳索等。

★ 用网状冲压片制作头发、草叶和花朵雄蕊。

★ 用槽形冲压片制作带条、格栅和网篮编条。

★ 用三叶草形冲压片制作绳索。

★ 用方形和半圆形冲压片制作方砖和圆木。

用裱花嘴做冲压片

尝试使用PME裱花嘴作为糖艺冲压器的冲压片，它们可以很好地贴合冲压器的内壁。当我想要比圆形冲压片更小的洞口时，通常使用1号或1.5号裱花嘴。用裱花嘴做冲压片的秘诀在于挤压的膏体要很软。

1 首先在膏体里加入一些白色植物油脂（起酥油），以防止它太黏（注意不要加太多，否则膏体将不会变硬）。然后将膏体在水里浸一下，揉搓均匀。重复该步骤直至膏体变得柔软而有弹性。

2 将膏体塞入糖艺冲压器的筒里，然后放入一个冲压片，再拧上盖子。

小窍门

冲压片上的洞越小，造型膏就要越软，试想一下嚼过的口香糖的柔软度，这样就差不多了。

3 把柱塞压下去，以排除筒里的空气，然后按压手柄，以增加筒内的压力，直到它"咬合"。如果膏体不能被顺滑地挤出来，则有可能是不够柔软，需要取出来再添加一些白色植物油脂（起酥油）或水。

圆形冲压片

圆形冲压片也许是所有冲压片中用途最广泛的一种，它们可以用来制作饰边和其他各类装饰。如果使用塑糖，还能创造无需支撑物的糖艺作品，例如卷曲形和螺旋形、竖立在纸杯蛋糕以及给蛋糕增加高度。这里有一些可供参考的用法。

小窍门

一定要让造型膏足够柔软。所有类型的糖膏，除了杏仁膏之外，都需要用添加白色植物油脂（起酥油）和水的方式使它们变软。

1 将一些造型膏软化，塞入糖艺冲压器里，装上圆形冲压片，挤出一些造型膏，直接用作蛋糕或饼干的饰边。我通常用它来遮盖蛋糕和托板之间的接口空隙，因为这种方法比其他方法要快捷得多，而且看起来效果也很好。

2 很多人觉得裱花很难，因此用糖艺冲压器来代替裱花嘴是很好的方法。用一支蘸了糖胶的精细画笔在蛋糕或饼干上画出图案，然后用冲压器挤出一条膏体放在糖胶上，必要时用手指或画笔调整膏体的形状。这种方法用在蛋糕侧面也十分有效。

3 有时候与其直接把膏体挤到涂有糖胶的线条上去，还不如将挤出的膏体放在案板上晾干后再贴到蛋糕上，这样的操作会更加容易，而且还可以用模板来帮助膏体定型。在膏体干燥至拿起后不会变形时，就可以把它粘到蛋糕上去了。本章开始时的主蛋糕侧面波浪状的线条就是这样制作的。

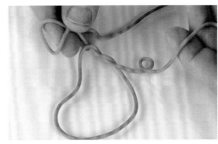

4 还有另一种用法更加简单，将一些膏体挤到案板上，让它稍微干燥一些，然后将膏体作为一条缎带，用来制作蝴蝶结、打卷等。

热辣高跟鞋

这款性感的高跟鞋上的鞋带是用糖艺冲压器装配一个小的圆形冲压片制作出来的。

网状冲压片

网状冲压片十分适合用来制作头发、草叶、花蕊、羊毛、流苏等，其用途可谓无穷无尽！

可爱绒花

尽情试验网状冲压片的用法吧！这些毛茸茸的小花可谓与众不同，但是看起来效果很棒！

短条

将一些造型膏软化（参考前面描述的步骤），塞到糖艺冲压器里，并装入一个网状冲压片。先挤压出一小段造型膏，然后用刻纹工具将一簇造型膏刮下来，直接放到蛋糕或饼干上去。

长条

准备步骤与挤压短条相同，但是继续挤压直到获得需要的长度为止，再用刻纹工具刮下来。如果是制作流苏，把刮下来的那头捏在一起；如果是制作头发，则每次刮下几条，然后按照需要贴在合适的位置上。

茶时小点

绳子可以用在无数种不同的设计中，是这块茶壶饼干上绝佳的点睛之笔。

绳索冲压片

绳索冲压片看起来就像三叶草一样。

制作绳索时，先挤出一段膏体，然后小心地将它扭曲起来。

喜欢扭绳子？试试这个

★用一个圆形冲压片挤出3段不同颜色的造型膏，然后把它们扭在一起，形成一条多色绳。

★试着用几段其他形状的膏体来扭绳子，例如方形或带状。

可调尺寸的条形切割器

这个工具可以帮你节约很多时间，因为它能简单而快捷地切出相等大小的条形。这个工具的绝妙之处在于它的切割轮可以设置成3.5~54mm的任何宽度，无论是细小的狭条还是宽大的带子都不在话下。

1 将条形切割器组合好，设置成所需的宽度。将一些造型膏擀薄。用两只手捏住条形切割器两端的手柄，让切刀稳固而均匀地滚过造型膏。

2 条形切割器滚过之后，应该留下一条均匀的带子。如果没有把所有糖膏都切透（也许是因为用力不均造成），可以用美工刀沿着切割线将其切好。让造型膏放置一会儿，等它稍微变硬之后再按照需求使用。

奶油咖啡
条带可以用来制作各种各样的装饰，包括这款纸杯蛋糕上精美的花球。

小窍门
尝试一下条形切割器的波形轮和缝线轮。用直刀和波形刀切割成的条形贴适合用来修饰蛋糕和托板之间的间隙。

自由切割形状

将造型膏放在距离很近的间隔条中间擀平，最好使用不粘案板。选择或大或小的切割轮，用持笔的姿势握住，将切割轮划过造型膏。要用较大的力度才能切干净。拿掉切好的形状周围多余的造型膏。将切好的形状放置一会儿，等稍微变硬之后再转移到蛋糕或饼干上去。

优雅低跟
这款别致、时髦的低跟鞋上的斑马纹图案是用切割轮刀在造型膏上徒手切割而成的。

制作羽毛效果

将一些造型膏擀薄，然后快速地将切割轮刀用短划线在造型膏上来回滚动，以形成羽毛效果。直接使用或者切成小条后卷起来制作花蕊，就像"涂绘"一章中"红艳罂粟"蛋糕一样。

切割轮刀

切割轮刀是十分有用的工具，常用来徒手切割造型膏。使用切割轮刀的优势在于它会使造型膏顶面的切边稍微弯曲，使其看起来更柔和。切割轮刀还可以用来给糖膏表面增加纹理。

小窍门
切割轮刀还可以用来重复地在糖膏上滚动，使其获得纹理效果。

美工刀

美工刀是十分有用的工具，其锋利的尖刃可以让你轻松地切割精致、繁复的细节，也可以利落地切割大块的形状。不过，使用的时候要小心，并且还要搭配不会被利刃留下痕迹的案板。我用的是可丽耐案板，十分好用，但是它的价格较贵。为了获得最佳效果，通常我会使用擀得很薄的造型膏，推荐将造型膏擀成1.5mm厚，擀的时候用间隔条来控制均匀的厚度。但是根据设计的不同，有时候需要更薄的造型膏，有的时候则需要更厚实的造型膏。这里列举了一些美工刀的使用方法，但是请大胆试验别的方法，充分发挥这款多功能工具的作用。

旭日阳光
这款迷你蛋糕上的明媚色带都是用美工刀切割而成的。

切割简单的形状

将造型膏放在间隔条中间擀平。稳固地握住美工刀，切出你想要的形状，在需要时使用模板。在这个例子中，我用直角尺切出了均匀的长条。

时尚剪影
用你的美工刀来制作复杂的切割形状，例如"上色"一章中拼缝爱心上的这个剪影。

原地切割

使用美工刀可以很好地对你已经安置到蛋糕上的糖膏进行微调，因为它的利刃可以让你在不对盖好糖膏的蛋糕表面施加任何压力的情况下进行切割。

切割复杂的形状

要想切割精致、繁复的形状，美工刀无疑是最佳工具。美工刀的刀刃很薄，因而可以切出精致的细节，例如图中的这个剪影。精致的形状在切割时需要转动糖膏，因此你得确保可以转动。制作反面的模板效果会更好，因为切的时候是按压在形状周围的区域，而不是按压在形状本身上。

小窍门
定期更换美工刀的刀刃，以确保每次都能切得干净利落。

非糖艺工具

　　美工世界有各式各样有趣的工具，因此你在美工商店或网上商店选购时，一定要选择可以便捷地用在糖艺上的工具（只要确保那些工具可以清洁或消毒，并且注意不要购买非食品用的塑料）。这里介绍了如何有效的运用纸张花样打孔机。

1　将造型膏放在距离很近的间隔条中间擀成很薄，而且要比平时制作的造型膏更坚固、更薄。让造型膏放置几分钟，待稍微变硬之后放入打孔机下。

2　用力地按下打孔机，然后放开。小心地将造型膏从打孔机下滑出来。你可以用打孔机从造型膏上压掉的那部分，也可以用在造型膏上留下的图案。让打好图案的造型膏放置一会儿，待变硬之后再贴到蛋糕或饼干上去。

使用金箔

用纸张打孔机配合金箔使用也可以创造很棒的效果。将造型膏在白色植物油脂（起酥油）上擀薄，小心地将沾有油脂的那一面朝下放到金箔上。轻轻地按压造型膏，使它和金箔贴合在一起。将造型膏翻面，揭掉金箔的背纸。待其变硬之后放入打孔机下，按照步骤2进行操作。

小窍门

认真选择你的打孔机（边角打孔器并不很好操作）。既可以压花也可以打孔的打孔器一般并不适合用在糖膏上。

流金岁月

这款非同寻常的花丝透雕风格设计是用一般的美工打孔器制作的。

裱花

用裱花添加一些细节可以给一个简单的设计带来令人惊艳的效果，但是很多人都对裱花望而却步。这一章将为你揭开裱花的神秘面纱，让你有勇气去尝试并完善这项技艺。裱花的基础并不难掌握，正确的工具和糖霜稠度（无论用的是奶油还是蛋白糖霜）是关键。掌握其基础后，剩下的就是多加练习了。

本章内容：

裱花设备

奶油
★漩涡
★小峰
★菊花
★玫瑰

蛋白糖霜
★圆点
★爱心
★连线
★绘画刺绣

小窍门
使用奶油和使用蛋白糖霜进行裱花的方法是一样的，不同的只是裱花的大小。如果你想制作一朵小玫瑰，用一个小号的花瓣形裱花嘴和蛋白糖霜进行裱花即可。

琼花嫣梦
通过裱花可以造就多种不同的效果，这款令人惊叹的双层蛋糕用到的是绘画刺绣和裱花圆点。关于该蛋糕的详细制作步骤可参见"范例"一章，本章中展示的其他蛋糕、饼干的所需材料、制作步骤在"范例"一章也有说明。

裱花设备

无论你选择奶油还是蛋白糖霜进行裱花，都需要一些基本的裱花设备。

裱花嘴

裱花嘴有很多种类供选择，你需要根据自己使用的裱花介质以及想要创造的裱花形状来选择合适的形状和大小。但一般情况下，用于奶油的裱花嘴比用于蛋白糖霜的裱花嘴要大得多，后者通常用来制作精致的细节。

裱花嘴有塑料和金属两种，金属材质有铜镀镍、不锈钢等。为了获得最佳效果，一定要使用专业的裱花嘴（不要用那种有漏缝的）。如果预算足够，尽量购买不锈钢裱花嘴，因为它们不会生锈或断裂，没有意外的话可以用很久。还有一点要注意的是，用来标识裱花嘴的数字编号并没有统一的标准，因此你会发现每个厂家都有自己稍微不同他人的编号系统。例如，威尔顿（Wilton）10号裱花嘴相当于PME的16号。在使用裱花嘴之前，一定要确保它是绝对干净且干燥的，尤其是使用很小的裱花嘴时。

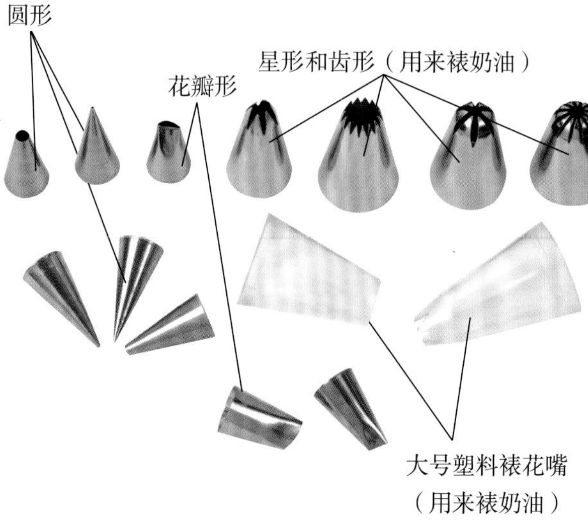

圆形

花瓣形

星形和齿形（用来裱奶油）

大号塑料裱花嘴（用来裱奶油）

裱花袋连接器

裱花袋连接器可以帮你节约时间。它可以装在裱花袋的末端，更换裱花嘴非常方便，免去了每个裱花嘴都要装一个新裱花袋的麻烦。

裱花袋

裱花袋主要有两种：一种是可重复使用的裱花袋。以前是用传统的棉布制作，现在一般用防水尼龙布制成，需要用开水消毒；另一种是用透明塑料纸或防油纸制成的一次性裱花袋。我个人喜欢用大一些的一次性塑料裱花袋裱奶油，用小只的防水尼龙裱花袋裱蛋白糖霜，但是选择哪种各遂所愿。你也可以用防油纸自己制作裱花袋，选择权在你手上。

小窍门
建议购买那种一端封口的裱花袋，这样你就可以自己根据特定的裱花嘴或连接器进行修剪。

奶油

轻盈蓬松的奶油（见"糖膏配方"章节）漩涡是很多人追求的效果，但还有很多选项也是值得尝试的！裱花很重要的一点是你的奶油拥有正确的稠度和温度。如果奶油太僵硬或温度太低，会很难裱成功，因此你需要将它重新搅打，并添加少量的水或牛奶。如果奶油太软太热，则很难保持形状，所以需要让其冷却下来，必要时添加一点儿糖粉重新搅打。

玫瑰漩涡
继续用奶油裱花，直到能够制作出无缝的玫瑰（如图所示）。

漩涡

要想裱出漩涡状，你需要一只大号的星形或齿形裱花嘴。我建议你用不同的裱花嘴进行尝试，因为看起来很相近的裱花嘴获得的效果可能相距甚远。

1 将你选择的裱花嘴放到一个大裱花袋中，然后将奶油装至半满。把裱花袋的顶部扭一下，以防止奶油漏出。将裱花袋垂直握住，悬于纸杯蛋糕的中央上方。

2 在裱花袋上施力挤压，然后将裱花嘴往蛋糕的边缘移动，沿逆时针方向绕着中心走。期间裱花嘴一直都要悬垂在蛋糕表面上方，使挤压出来的奶油能够落到位。

3 要想制作一朵简单玫瑰（如图所示），在绕完一圈之后释放掉压力，使裱花嘴离开蛋糕上方即可。

变形
你也可以继续用裱花嘴绕圈，在第一层漩涡的基础上增加一小圈或两小圈奶油。

小窍门
在掌握了裱制漩涡的基本方法之后，可以尝试在裱花袋里同时装入两种颜色的奶油，这样裱出的双色漩涡更加漂亮。

尖顶

这种裱花方法最适合齿多的裱花嘴，因此建议你用至少有8个齿的大裱花嘴进行尝试。记住，看起来十分相近的裱花嘴却可以创造出十分不同的效果。

1 将你选择的裱花嘴放到一个大裱花袋中，然后将奶油装至半满。把裱花袋的顶部扭一下，以防止奶油漏出。将裱花袋垂直握住，悬于纸杯蛋糕中央上方。保持裱花袋不动，持续地施力挤压它，使奶油往纸杯蛋糕的边缘铺开。

2 奶油铺开之后，慢慢地开始将裱花袋抬起，同时继续保持均匀的压力。当奶油达到想要的高度时，释放掉压力，使裱花嘴离开蛋糕上方。

变形1
你可以不按前一个步骤操作，而是在抬起裱花袋的同时用手转动纸杯蛋糕，这样会给奶油裱花增加微妙的扭曲形状。

变形2
也可以用相同的裱花嘴稍微挤出一些奶油后便移开，制作几朵小的星形、花形裱花。

奶油尖顶
以奶油裱花尖顶作为基底，上面添加效果的塑型糖花，并用一支红色的绳索形点缀，给纸杯蛋糕带来灵动的美感。

菊花

　　这种裱花方法可以快捷地改造纸杯蛋糕。很多种花瓣形和叶片形裱花嘴都适用于这种方法，请大胆尝试，找到你最喜欢的蛋糕尺寸来试一下吧！

1 将你选择的花瓣形或叶片形裱花嘴放到一个大裱花袋中，然后将奶油装至半满。把裱花袋的顶部扭一下，以防止奶油漏出。从纸杯蛋糕的中央开始，抓住裱花袋，使裱花嘴较厚的一边向内，薄的一边朝外。开始挤压裱花袋，向蛋糕的边缘拉动，然后再回到中间。

2 重复这一步骤，每朵花瓣都用力均匀，一边裱花一边用手转动蛋糕。

3 第一层花瓣裱好之后，在上面添加第二层，第二层的花瓣要比第一层短一些。需要的话还可以添加第三层、第四层。裱花的层数需要根据纸杯蛋糕的大小和裱花嘴的大小来决定。

金菊秋思
这些漂亮的菊花形裱花无需任何其他装饰，只要在中间放上一个糖膏制作的小球就大功告成了。

小窍门
如果奶油温度太高，从裱花嘴挤出来的时候有融化迹象，可以把裱花袋放到冰箱里冷藏5分钟。

玫瑰

经典的玫瑰总是十分受欢迎。长时间以来，玫瑰都是用蛋白糖霜裱制的，但是这种裱花方法也同样适用于奶油裱花。选择大小合适的花瓣形裱花嘴（建议选择大约1cm长的裱花嘴）。为了在裱花时快速地转动玫瑰，你还需要一个裱花钉。

复古玫瑰
这朵丰满的奶油裱花玫瑰是这些纸杯蛋糕上唯一的装饰，既美观又美味。

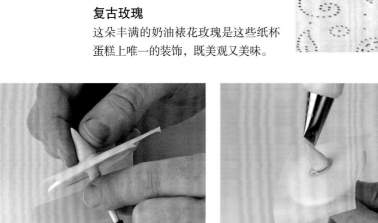

1 剪一小块玻璃纸或蜡纸，将它用一点儿奶油贴在裱花钉上。第一步是制作一个大小合适的小圆锥，你可以用黄油裱制，但是我发现用糖膏捏制出来的玫瑰花心更加牢固。将圆锥贴到裱花钉的中心位置。

2 将你选择的花瓣形裱花嘴放到一个大裱花袋中，然后将奶油装至半满。使裱花嘴垂直于裱花钉，裱花嘴较宽的一端在下，薄的一端在上。抬起裱花嘴，使圆锥顶处于裱花嘴的中间位置。现在就可以开始裱花了。

3 开始挤压裱花袋，一边裱一边转动裱花钉，以制造出玫瑰中心花瓣的包裹效果，绕大约一圈半即可。

4 保持裱花钉直立，在花心周围增加3朵相互交叠的花瓣。从圆锥的底部开始施力挤压裱花袋，将裱花嘴向上抬至花心的顶部，然后再下落到底部，这样就完成了第一片花瓣。再裱两片花瓣，形成一圈。

5 接下来添加外围的玫瑰花瓣。倾斜你的裱花钉，使它们打得更开一些，但不要倾斜裱花嘴。在这一层制作5片花瓣。按照自己的喜好继续增加一层层的花瓣，每往外一层就多加两片花瓣。

6 轻轻地将玻璃纸或蜡纸从裱花钉上移开，放置在一边使裱花玫瑰变干。在玫瑰干燥至可以移动之后，小心地将玻璃纸或蜡纸拿掉，将玫瑰放到纸杯蛋糕或蛋糕上去。

蛋白糖霜

很多人都觉得蛋白糖霜（见"糖膏配方"章节）比较老式，但是我要说的是，用蛋白糖霜裱制的细节能够使蛋糕设计更加完美。下面我挑选了几种蛋白糖霜的裱花方法，相信你一定会发现它们的魅力所在。

用蛋白糖霜裱花

使用蛋白糖霜进行裱花，其中最重要的一点就是它的稠度要适合你想用的裱花方法。在这里介绍的几种方法里，有的需要打至软性发泡（形成柔软尖角），有的则要打至顺滑。

★软性发泡（常规）蛋白糖霜：在打发蛋白糖霜之后，用抹刀挑起一个尖角，如果尖角顶部会弯曲下来，则稠度合适，如果尚不能挑起尖角，则继续搅打，直到达到正确的稠度。这种蛋白糖霜用来制作连线。

★顺滑蛋白糖霜：将一些打至软性发泡的蛋白糖霜放到一块不粘的案板上，用抹刀扁平的一面抹拌，把里面的气泡都排挤出来。必要时添加几滴水，以形成完美的顺滑质感。这种蛋白糖霜用来裱制较小的形状和制作绘画刺绣。

圆点

裱制小圆点时至关重要的一点是蛋白糖霜的稠度合适——你想要的是小圆点，而不是小尖角。裱花嘴的洞口越小，这一点越加重要。

装饰小点
蛋白糖霜裱制的小点制作简单，可以用来装饰各种各样的设计。

1 将一个小号的圆形裱花嘴（PME1号或2号）放到一个小裱花袋中，然后用刚搅拌好的顺滑蛋白糖霜装至半满。将手支撑在案板或者裱花转台上，也可以用你的另一只手托住，使裱花嘴靠近你想要裱花部位的上方。

2 挤压裱花袋，直到挤出所需大小的点，这时释放掉压力，然后再移开裱花嘴，避免形成不需要的小峰。记住，挤压、释放再拿开。

小窍门
新鲜的蛋白糖霜总是比陈放过的蛋白糖霜更加适合裱花，因为新鲜的蛋白糖霜可以保持形状，更加坚挺，因而更容易操作。

109

爱心

这是圆点的简单变形。为了获得最佳效果，使用新鲜搅拌的顺滑蛋白糖霜。

1 用顺滑蛋白糖霜挤出一个圆点，但是不要直接移开裱花嘴，而是将它从圆点的中间拉出后再移开，这样就创造出了一个泪滴形状。

2 在第一个泪滴形状旁边再挤一个圆点，然后将裱花嘴从圆点中间拉出，使它与第一个泪滴的尖端接合起来，这样就形成了一个心形。

婴儿袜

在糖膏制作的心形上面再裱上一些小爱心，可以创造出迷人的层叠效果。

连线

这种在蛋糕的表面用糖霜裱制一条条细线的手法需要练习一番才能掌握，但是我认为它绝对值得你学习。我发现这种方法十分适合用来在蛋糕上展现现代的蕾丝效果。

小窍门

为了避免线条中断，对一只裱花袋的使用时间不要超过15～20分钟，因为你的手会使糖霜的温度升高。在重新开始时，要再次搅打一下你的糖霜。

可爱蕾丝

用连线裱花的方式将这款迷你蛋糕上的花朵图形相互连接起来，使它变为蕾丝效果的设计图案。

1 将一个小号的圆形裱花嘴（PME1号）放到一个小裱花袋中，然后用刚搅打好的软性发泡蛋白糖霜装至半满。用食指朝下的手势握住裱花袋，裱花的时候只用大拇指施力。

2 将裱花嘴放置到你想让线条开始的地方，然后轻轻施力挤压裱花袋。在蛋白糖霜挤出来时，将裱花嘴抬离蛋糕，使它距离糖膏表面至少4cm。

3 当糖霜的线条达到所需长度时，释放掉压力，缓慢地降下裱花嘴，使线条落在蛋糕表面。记住，先触碰，再抬升，最后落下。

绘画刺绣

我在许多年前就学会了这种方法，但是一直十分喜欢它。从根本上来说，它就是裱出图案的轮廓，然后使它在糖膏表面淡去。为了获得最明显的效果，用深色的糖膏搭配浅色的蛋白糖霜，或者反之。使用的蛋白糖霜应该是顺滑的稠度。

1 首先要在蛋糕或饼干上制作一个图案。最快捷的方法就是用现成的压花器在柔软的糖膏上压花。但是，如果你想要创造一个独一无二的图案，就得自己制作压花器（见"压花"一章），或者用划线器在蛋糕上绘制图案（要等糖膏稍硬一些）。

2 将一个合适的小圆形裱花嘴（PME1.5号或2号）放到一个裱花袋中，然后用刚准备好的顺滑蛋白糖霜装至半满。裱花嘴的尺寸取决于压花的粗细程度。对于大部分形状，你需要从背景画到前景，因此选择图案的一小部分，将它的外边缘裱上糖霜。

3 将一把硬度适中、大小合适的画笔用水蘸湿，用纸巾吸掉多余的水分。用画笔接触潮湿的糖霜，朝图案的中间刷，使图案形成自然的感觉。

4 在刷蛋白糖霜时，尽量不要破坏外轮廓线，但是如果不小心划破了线条，也可以用一些蛋白糖霜补救。对图案的其他部分也做同样操作，但一定要在裱好轮廓线后立即用画笔刷，以防糖霜变干。

小窍门
在你对这种方法尚不熟练时，可以在蛋白糖霜里增加少量饰胶，以减缓它的干燥过程，让自己有更多的时间进行操作。

素雅小杯
要将一个裱花图案变成绘画刺绣精品，你所需的只是一支潮湿的画笔。

模具

如果你想要制作漂亮的糖衣装饰，但是又没有太多时间，最好的解决方法之一就是选择一个硅胶模。这一章节的内容涵盖了使用模具制作单色糖艺装饰的基本方法，然后进一步展示引入更多颜色后创造出的效果。还介绍了怎样用双面脉纹器制作逼真的叶子以及怎样制作自己独一无二的模具。

本章内容：

硅胶模

单色模塑
★使用的膏体

双色模塑

复杂形状

双面脉纹器

自己制作模具
★使用塑糖
★使用铸模胶
★用铸模胶从零开始制作模具

小窍门
用于糖艺的模具种类有很多，但是本章中的范例里使用的是硅胶模，因为它们用途广泛，而且价格便宜。

甜美花束
装饰这款球形蛋糕的玫瑰、雏菊以及其他小花都是用模具制成的。关于该蛋糕的详细制作步骤可参见"范例"一章，本章中展示的其他蛋糕、饼干的所需材料、制作步骤在"范例"一章也有说明。

硅胶模

市面上销售的食品级硅胶模品种成百上千，你可以慢慢寻找自己喜欢并适合自己设计的模具。所有的硅胶模都是柔软且有弹性的，但是它们的质量千差万别。劣质的模具很容易破裂，而优质的模具能够经得住温度变化，没有刺鼻气味，并且完全不粘手。

无论你选择了什么样的模具，都必须认真对待，在脱模时注意别太过用力拉扯模具的边缘。硅胶模可以用肥皂和水洗净，也可以放在洗碗机的最上层进行清洁。在晾干模具时，甩掉多余的水，然后风干。不要用毛巾擦拭硅胶模，因为它会粘上毛巾的绒毛。

单色模塑

最简单、直接的模塑成型方法就是只用一种颜色的膏体。

使用的膏体

塑模操作起来十分简单，只要选择正确的塑模膏体，并且膏体的稠度适合你所选择的模具即可。对于许多模具而言，塑模成功的秘诀是使用一款较硬的膏体。我比较喜欢使用黄薯胶制作的造型膏，它比CMC［纤维凝胶剂（Tylose）］制作的要好（见"糖膏配方"章节）。但是，对于一些带有凸雕部分的精细模具来说，最好是使用软一些的膏体，这样才更容易将模具完全填满，填满之后放入冰箱冷藏15~30分钟，再进行脱模。用诸如杏仁膏（添加少量黄薯胶以增加强度）、糖花膏和造型巧克力之类的介质大胆尝试吧！

红花绿叶

用模具简单制成的单色玫瑰和叶子，与花色的纸杯模相得益彰。

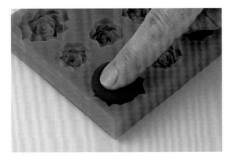

1 将少量的造型膏揉搓一会儿，使它变热，然后搓一个比模具凹处稍大一些的球并放到模具里。确保造型膏放入模具中的那一面是完全平滑的，没有任何小缝，否则在最后的成品上可能也会出现小缝。

2 将造型膏牢牢地挤压到模具中，确保较深的部分已被填满。用手指把造型膏抹到模具的边缘处，以帮助填满整个模具。

3 用抹刀把多余的造型膏刮掉，使塑模的背面平整。注意，一些塑模的背面可能需要整理成稍微拱起一些，否则在脱模之后无法保持完整。

4 脱模时，小心地将模具曲折起来，使塑模脱落。

小窍门

如果你用的模具较大或者十分精细，将造型膏分次压进去会更容易一些，每次增加一部分造型膏，然后用力压牢。

双色模塑

花朵十分适合用模具制作，如果在中间加上一种不同的颜色，它们就更加栩栩如生了。这里我用的是一个雏菊模具，但是这种方法也可以应用于其他模具。

小窍门
如果你用模具制作出来的形状丢失了一些细节，原因可能是由于你压的力度不够或是造型膏不够软。

1 将少量的造型膏揉搓一会儿，使它变热，然后搓一个比模具的花心稍小一些的球。将小球压到模具的花心里去（最好让造型膏刚好填满花心，这样在加入其他颜色的造型膏时它就不会延伸到旁边的区域）。在必要时可以用刻纹工具的尖端将其压回花心以内。

2 用造型膏搓一个比模具凹处稍大一些的球。将造型膏小球牢牢地挤压到模具中，确保造型膏放入模具中的那一面是完全平滑的。

3 用抹刀把多余的造型膏刮掉，使塑模的背面平整。然后用刻纹工具划开各片花瓣，使花瓣的轮廓清晰。

4 脱模时，小心地将模具曲折起来，使塑模脱落。如果花心延伸到了旁边的花瓣上，那么下次制作的时候就得将用于花心的造型膏小球弄得更小一些。

花朵人字拖
用模具制作的雏菊是饼干上的焦点，它们与鞋面的压花图案相互呼应。

复杂形状

用多种颜色进行塑模的秘诀在于对每种颜色量的控制，我建议你多试几次，以找到合适的量。通过多次尝试，还可以发现添加各种颜色的最佳顺序，通常最好是先填好模具最深的地方，但是这需要对你使用的模具进行试验。

华美假面

这个逼真的威尼斯面具是先用模具塑造，然后再稍作涂绘修饰制作而成的。

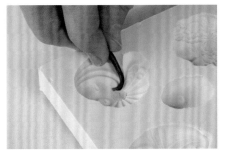

1 将一小团造型膏压到模具的中心，最好让造型膏刚好填满这一部分。制作一细条香肠状的紫色造型膏，将它压到位，去掉多余的造型膏，只留下发卷的末端。如果你这时不对它进行修整，在脱模之后很可能会发现紫色的造型膏延伸到脸上去了。

2 用白色造型膏搓一个比脸部稍大一些的球，把它压到脸的部分上。用刻纹工具修整形状，使造型膏保持在模具中相应的部分内。

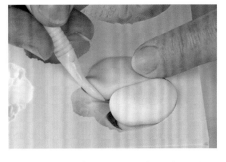

3 在模具的一侧放入一些水蓝色的造型膏，确保它紧密贴合，不会与其他部分交叠。用刻纹工具使各个部分之间形成鲜明的线条。

4 用藏青色的造型膏制作一个锥形，放到头顶区域。剩下的地方用紫色造型膏填满，然后将其压牢，确保模具都被填满。

5 用抹刀把多余的造型膏刮掉，使塑模的背面平整。小心地将模具曲折起来，使塑模脱落。需要经过一些练习之后才能获得完美的结果，就算第一次尝试时各种颜色混作一团也别灰心。

双面脉纹器

　　使用硅胶脉纹器可以制作出逼真的可食用叶片和花朵。可供使用的花瓣和叶片脉纹器很多，从经久不衰的玫瑰到普通常见的树叶，甚至再到异域风情的兰花，样式不胜枚举。记住，你并不一定要制作出完全符合自然形状的叶片或花瓣。许多叶片和花瓣都十分相似，因此一个脉纹器可以用来制作一系列不同的花瓣或叶片。最适合双面脉纹器的是糖花膏（见"糖膏配方"章节），但是稍硬一些的造型膏也同样可行，不过最后成品的叶子或花瓣没那么坚固。

小窍门
你需要在造型膏尚有一些弹性时把叶子放到蛋糕上去，因为一旦它完全变干，就会变得十分易碎，难以操作。

1　在案板上抹一些白色植物油脂（起酥油），以防止糖花膏或造型膏粘连。将一些金棕色的糖花膏或较硬的造型膏擀成很薄，用大小合适的叶子形切模切出叶片形状。在切好但暂时不用的叶片上盖上一层塑料袋或保鲜膜，以防止它们变干。

2　将几片叶子放到泡沫垫上。用球形工具一半压在糖花膏上，一半压在泡沫垫上，在边缘处轻轻地划动（见"工具"一章）。

3　接下来，将一片叶子放到合适的双面脉纹器上，使脉纹器的另一面紧压下去，然后拿开，取出叶片。这时你可以看出糖花膏擀制的厚度是否合适，如果叶子看起来有点肉，则糖花膏擀得太厚了；如果叶子被压破了，则糖花膏可能擀得太薄了。

4　将压好脉纹的叶子放到内凹的泡沫垫、成型器或窝成一团的纸巾上，让它以自然的形状稍微晾干。

落叶知秋
使用双面脉纹器可以在几分钟的时间内制作出逼真的叶子。赶紧尝试制作自己的深秋韵味蛋糕吧！

5　使用可食用色粉给叶子涂色。用一支干燥的除尘刷，顶部蘸上酒红色色粉，轻敲掉多余的色粉，然后涂在叶片的某些边缘部位。接着在叶子的中间区域涂上一些其他颜色，以使叶子看起来更加自然。将涂好色粉的叶子小心地在蒸汽中过一下，以加强和固定颜色。

自己制作模具

自己制作模具也能获得很好的效果，而且经济合算。当然，并非每次尝试都会大获成功，但是你可以享受自己尝试的乐趣，而且成功之后会倍感自豪。除了使用塑糖制作模具之外，还有很多专业产品可选。我最爱的是一种叫做铸模胶（moulding gel）的产品，因为它用起来十分容易而便捷，而且它还可以一次又一次地重复使用。

圣诞爆竹
用墙纸和蕾丝作为基底制作的塑糖模具，创造出了这些具有节日气氛的饼干。

使用塑糖

塑糖是用糖制作的一种膏体，变干之后会特别硬，而且不像其他糖膏那样容易受潮气影响（见"糖膏配方"章节）。正是因为塑糖的这些特质，所以它十分适合用于制作可重复使用的模具。

1 第一步是选择制成模具的对象，对于这种方法，最好是选择平的东西，但是上面要有花纹。我发现蕾丝和带纹理的墙纸十分好用，但是我相信你还可以找到很多其他可用的东西。

2 将塑模的对象进行消毒，或者在上面刷上一层食品级的隔层。如果你用的是墙纸，在你要使用的那一面涂上一层或两层糖釉。

3 将一些塑糖在硬纸蛋糕托上擀平。将已经刷好涂层的墙纸盖到塑糖上，然后用擀面杖或整平器用力压实。动作快一些，以防止塑糖表层结硬皮。揭开墙纸，将印好花纹的塑糖放到一个温暖干燥的地方，让它彻底晾干。这也许要花几天的时间，请耐心等待。

4 当塑糖模完全干燥之后，在抹了白色植物油脂（起酥油）的案板上将糖膏擀平，然后将平的一面朝下放在塑糖模上（植物油脂可以防止糖膏粘在塑糖模上）。

5 用整平器按压糖膏，以使花纹印到糖膏上。你可能需要尝试一下，看看多大的力度合适（用力过度可能会把塑糖模压裂）。

6 小心地揭开糖膏，可以看到上面已经有凸出的花纹了，用它来装饰蛋糕或饼干。将塑糖模存放在干燥的地方，它可以重复使用。

使用铸模胶

这种产品是专门为蛋糕装饰行业配制的，是食品安全级的材料，就算不小心摄入也完全无害。铸模胶的美妙之处在于其使用简单，很容易融化，在不需要某一模具或者做的不成功时，将其融化之后重新使用即可。

海滩风情

这些糖膏做成的贝壳看起来如此逼真，那是因为它们是用真正的贝壳铸模制作的。

1 首先你需要找到一个适合把铸模胶倒进去的容器。你可以擀一些造型黏土，不要擀太薄，将铸模的对象放在中间，然后把旁边往上窝起并捏合在一起，形成一个容器；也可以用铝箔制作，或者直接用塑料小杯或小碗。

2 按照产品的使用说明将铸模胶融化，然后倒入容器中，直到铸模对象完全被淹没。将容器在案板上轻轻地敲几下，使里面可能存在的气泡冒出来。

3 搁置在一边，直到铸模胶凝固（小模具通常只需要5～10分钟，但是为了加速凝固，可以把它放到冰箱里冷藏）。凝固之后，小心地将容器剥离，并把铸模对象从模具中拿出来。如果有少量铸模胶渗入了铸模对象的下面，用美工刀把它刮掉之后再将铸模对象取出。

4 将一些造型膏揉搓至微热，然后做成一个球形。将这个小球牢牢地按压到制好的模具中去。

5 用抹刀把多余的造型膏刮掉，使造型膏的背面与模具的顶端齐平，然后小心地脱模。如果塑造出的形状很成功，则继续；如果不成功，把模具融化掉重新制作模具即可。

6 在塑造好的形状晾干之后，用透明的酒稀释好一些色膏，然后涂在形状上（见"涂绘"章节）。

用铸模胶从零开始制作模具

通过这种方法，只要制作一个模具，就可以便捷地复制出很多个你想要的形状。如果你有一大批纸杯蛋糕需要装饰，这无疑会帮你节约大量的时间。要想制作一个自己喜欢的模具形状，你需要一些无毒性的造型黏土（如橡皮泥，它们可以从玩具和艺术商店里买到）以及一些基本的造型工具。当然，你还需要选择一个合适的形状。在这个例子中我选择的是茶壶，但是许多其他立体的物体也同样有效。

茶与蛋糕

如果没有制作模具，要想给一批饼干或纸杯蛋糕都装饰定制的形状会耗费大量精力。

1 选择好你想要制作形状的图片，用电脑或复印机将图片缩放到合适的大小。因为我的模具将要用于纸杯蛋糕，所以我在图片上画了一些圆圈，这样可以大致看出哪个茶壶形状在纸杯蛋糕上更吸引人。

2 用铅笔在临摹纸上描出图案的轮廓和主要特点。描好之后，将临摹纸翻转过来，把图案再描一遍（除非你想要的是一个镜像图案）。将一些无毒的造型黏土擀平，把描好的临摹纸放在上面。用铅笔再次把线条描一遍，以把图案转移到黏土上。

3 将临摹纸拿开，然后就可以开始制作模型了。仔细观察你的图像，看看从哪部分开始（一般我是先从最远的部分开始，最后再完成最近的部分）。这里我是从壶嘴和把手开始，再做好壶盖，最后制作壶身。

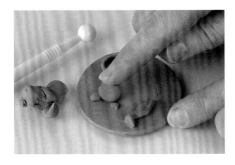

4 按照描好的线条，每次添加小部分的黏土，用手指和造型工具将黏土修整和拼接好。造型黏土可以很好地拼接在一起，不像糖膏那样会留下可见的接口缝隙。

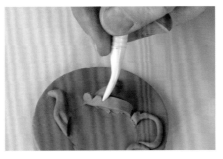

5 使用造型工具和压花器可以给你的模型增加细节。这里我用了一个刻纹工具来压出茶壶的边缘花纹。壶身上的玫瑰是用小的压花形状压制的（见"压花"章节）。

6 制作好模型之后，在它周围绕上几条造型黏土，以形成一个容器状。将铸模胶融化，倒入容器中，使模型完全淹没。等铸模胶凝固之后，小心地将容器和模型剥离，然后就可以使用模具了。

121

蛋糕珠宝

　　蛋糕珠宝会给蛋糕增加一抹闪耀和奢华的感觉，单独使用或同糖艺装饰搭配，可以创造出引人注目的桌面摆饰。制作蛋糕珠宝装饰是令人享受的过程。串珠世界十分诱人，所有令人眼花缭乱的色彩、形状都会让你有无穷无尽的选择和可能性。如果你从未尝试过蛋糕珠宝，别担心，本章会从一些入门的方法开始讲解。如果你有兴趣制作一枚蛋糕珠冠，在这里也可以找到一些十分实用的技巧。

本章内容：

丝线和珠子介绍
★必备工具和材料
★丝线
★珠子

珠环

简单的喷泉

铝线形状
★制作卷形
★简单的心形
★按照模板弯折形状

珠冠
★简单的拧线
★在拧好的线上串珠子
★在一根线上串一组珠子
★在丝的顶端固定珠子
★用夹珠固定珠子
★制作线卷
★组装珠冠

秀冠钻冕

珠宝给蛋糕增加了额外的光彩。这款蛋糕上的珠冠使整体变得灿烂夺目，华丽异常。关于该蛋糕的详细制作步骤可参见"范例"一章，本章中展示的其他蛋糕、饼干的所需材料、制作步骤在"范例"一章也有说明。

丝线和珠子介绍

别急着制作自己的第一个蛋糕珠宝，先花时间阅读下面的简单介绍，让自己熟悉一下基本情况。

必备工具和材料

正确的工具和设备总是可以让工作变得更容易。

☆钢丝钳：它们是必不可少的工具，你总不会想毁了一把好剪刀吧。

☆珠宝钳：在制作喷泉和一些蛋糕珠冠元素时需要用到。

☆圆头钳：用来将金属丝做成绕卷的形状，在你想要尝试绕卷的时候才会用到。

☆珠子垫：一款较新的发明，十分好用。当你把珠子放在上面时，它可以吸住珠子，不让它滚动，这样你的珠子在上面就不会乱跑了。

☆胶水：一款强力的丙烯酸无毒珠宝胶水，在大多数珠子和珠宝制作商店都可以买到。

丝线

很多人都会对种类繁多的丝线感到困惑，所以这里我对它们分组进行说明。对于不同的装饰目的要使用不同的丝线，选择正确的一种才是最重要的。有些线可以互换，有些则不行。下面是选择丝线的两个考量因素：

☆线芯材质：线芯材质决定了线的强度。例如，一根钢芯的线会比相同粗细的铜芯线要硬得多。

☆线的尺寸或厚度：即线的线号或线的直径。

丝线可以通过线号或直径来确定粗细，但是不同地方有不同的测量单位。在欧洲，丝线是用标准线号（swg）和毫米（mm）来测量的，而在美国则是用美国线号（Amg）和英寸（in）来测量的。

☆注意：本章中的说明里使用的都是欧洲线号和公制直径，如果要转换成美国线号，请参考右页的转换表。

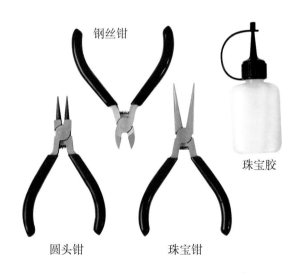

钢丝钳

珠宝胶

圆头钳　　　珠宝钳

小窍门

所有的蛋糕珠宝在切蛋糕之前都要先拿掉。绝对不要把不可食用的珠子或水晶直接贴在蛋糕的糖衣上。

花艺线　　0.3mm彩色美工线　　28号串珠线

金银线

铝线

0.5mm彩色美工线

线号转换表

丝线	公制 （mm）	标准线号 （swg）	美制线规 （in）	
串珠与捆绑用线				
金银线	0.315	28	0.012	细
0.3mm彩色美工线	0.315	28	0.012	
28号串珠线	0.315	28	0.012	
0.4mm珠宝线	0.4	26	0.015	
中等硬度线				
24号花艺线	0.5	24	0.020	
0.5mm彩色美工线	0.5	24	0.020	
0.6mm珠宝线	0.6	22	0.025	
硬线				
1.2 mm珠宝线	1.2	16	0.050	
铝线				
1.5mm	1.5	15	0.0571	
2mm	2	12	0.0808	粗

★串珠与捆绑用线

这种线是软的，用来制作蛋糕珠冠和珠环，包括如下：

☆0.3mm彩色美工线：很好用的软线，有不同颜色的漆包可以选择。

☆28号串珠线：中间是钢芯，要小心刺破手指。

☆0.4mm珠宝线：比上面两种线要牢固一些，但是可以创造出敦实一些的效果，不太适合新手。

☆金银线：一种卷皱的线，在很多美工领域都会用到。我通常用它来制作珠环。

★中等硬度线

这些线要硬一些，可以支撑一定的重量，一般用来制作蛋糕喷泉、蛋糕顶饰和蛋糕珠冠的元素，例如线卷。

☆直的纸包钢芯花艺线，有很多线号可选，如果是用于制作蛋糕喷泉，推荐使用24号。这种线不适合用于制作蛋糕珠冠。

☆0.5mm彩色美工线和0.6mm珠宝线，最适合用在蛋糕珠冠里支撑珠子。这种线很细，可以穿过大部分珠子。这两种线之间的区别在于美工线是铜芯，更软一些，而珠宝线是钢芯，所以稍硬。

★硬线

用作蛋糕珠冠基底的重型线。

☆1.2mm珠宝线：这种线用来作为珠冠的基底，所有元素都要绑在它的上面。它十分适合新手使用，因为它可以很好地保持形状，但是在你对捆绑更熟练之后，你可能会发现铝线更容易使用。

★铝线

铝线有各种粗细可选，但是对于蛋糕装饰而言，我推荐1.5mm和2mm的铝线。这种线容易弯折成你想要的任何形状，而且有众多颜色可选，能为蛋糕装饰带来无穷的可能。

珠子

珠子可以用来作为其他蛋糕装饰的辅助，也可以自己作为蛋糕的主要装饰物。世界各地的珠子品种繁多，从便宜的塑料珠到昂贵的水晶珠，你可以根据自己的预算和想要创造的效果自行选择。

★大小

从微小的米珠（seed bead）到用作垂饰的大耳环珠，珠子有各种大小规格。在蛋糕珠宝中最常用的是6mm和8mm的珠子，但是有些更小的珠子（例如镶有银边的日本洛可可珠）可以用来增加闪耀光彩，有的时候也会用更大的珠子来创造有趣的焦点。

★形状

大多数人都认为珠子是圆形的，但是它们实际上有各种形状。蛋糕珠宝里最常用的是圆形珠子，不过心形、星形和切割水晶形的珠子也十分适合用来装饰蛋糕。

★颜色

蛋糕珠宝的颜色最好与蛋糕上（包括糖衣）使用的颜色相呼应，这样效果最佳。例如，如果蛋糕上盖的是象牙白糖膏，则蛋糕上的珠宝也最好用一些象牙白的珍珠，这样可以使它融入到蛋糕设计中去。当然，混色和对比色效果也不错。我推荐使用大约6种不同的色度，但这只是一个参考，因为配色没有对错之分。

★选择珠子

可以将你为某个作品所选择的珠子一起放在珠子垫上，看看它们在一起搭不搭。这样你还可以增加或减少某种珠子，以使珠子的颜色和形状达到让人舒服的平衡。

珠环

如果你之前从未制作过蛋糕珠宝，可以从珠环开始。

它们制作简单，而且围绕在蛋糕的基底处效果极佳。

1 选好一些珠子（你需要一些不同大小和颜色的珠子）和一些颜色相配的软串珠线（例如0.3mm美工线、金银线或类似的线）。将珠子串在线上，但是这时先不要把线从线卷上剪断。

2 用一只手捏住串好的最后一颗珠子，另一只手捏住珠子两边的串珠线，将珠子扭到串珠线上。继续扭珠子，直到串珠线的末端被扭进去。

3 空出一小段距离，然后把第二颗珠子扭一圈半，以把它固定在线上。对串好的每颗珠子都如法炮制。你可以变化珠子之间的距离，以防止它们绕在蛋糕周围时挤在一起。我的经验是珠子越小，间隔的距离就要越短。

4 在把所有珠子都扭到线上之后，将串珠线剪断，将末端扭起来。检查一下珠环的长度够不够在蛋糕的底部围几圈。如果珠环看起来有些稀疏，就再制作一个稍微小一些的珠环。将珠环松散地绕在蛋糕底部，然后把两端扭在一起。

小窍门

一般应该将珠环在你的蛋糕周围绕3圈。但这也取决于你使用的珠子，因此多试几次，看看自己最中意哪种方案。

盛装打扮

这款迷你蛋糕底部简单环绕的一串珠环使蛋糕设计提升了一个层次。

简单的喷泉

一个珠宝喷泉可以给蛋糕增加迷人和炫目的光彩，最适合特殊的场合使用。它制作起来并不困难，你只需要珠子、24号花艺线和一些珠宝胶。最好是分两步制作，以让胶水有时间变干。

魅力之泉

一个用珠子制作的喷泉给这款可爱的花朵双层蛋糕添加了动人的魅力。

1 选择一些与蛋糕相配的珠子。将一些珠宝胶挤在案板上，将花艺线的一端在胶水里蘸一下，然后串上一颗珠子，放在一旁晾干。

2 用一根取食签（牙签）在线上距离第一颗珠子一段距离的地方涂上一点胶水，然后串上一颗珠子，使它位于涂有胶水的地方。继续根据需要串上更多的珠子。尝试不同的珠子组合，每种组合制作3～6根，再制作一根用于中间的线。我推荐总共使用25根线。

小窍门

你用的珠子越多，所需要的线数就越少。在安置它们时，用钳子会比用手指更容易。

3 剪一张与蛋糕顶部相同大小的圆形纸，将它对折两次，以找出圆心。把这张纸放在蛋糕上，用一枚大头针在蛋糕上标记出圆心。在圆心处垂直地插入一个花束固定钉（posy pick），使它的顶部比糖膏的表面低一些（花艺线可不能直接插到蛋糕里）。在里面塞入少量的绿胶（Oasis Fix），以固定花艺线。

4 轻轻地将花艺线绕在一个圆柱形上，使它们形成弯曲的弧度。把它们剪成合适的长度，然后插到花束固定钉里。

5 先在靠近喷泉底部的地方插入一些长度相同的线，创造出基本的形状，然后再插入中间垂直的那根，以确定喷泉的高度。用剩下的线将中间填满，确保它们间隔均匀。

127

铝线形状

只需将一根彩色铝线弯折成特定的形状，就可以创造出令人惊艳的蛋糕装饰。仅在蛋糕里插入一个花束固定钉，然后把弯折好的铝丝插好就行。这里有一些简单的例子，而且铝丝很容易弯折，用起来十分简单，我相信你很快就会用自己的创意进行尝试的！

制作卷形

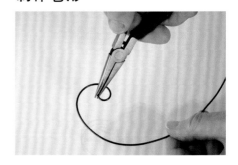

剪一段长度合适的铝线，用手指或珠宝钳捏住铝线的中间位置，然后将它弯曲成一个松散的卷形。试验一下，看看你喜欢紧凑的还是松散的卷形。

简单的心形

将两根铝线的一端卷起来，然后把它们缠绕在一起，形成一个心的形状。将缠绕在一起的一端插入到花束固定钉里。

蜻蜓之梦
铝线卷为这款不寻常的蛋糕设计提供了亮点，并且与侧面的蜻蜓图案相互呼应。

按照模板弯折形状

使用模板可以让你十分轻松地复制一个形状，并能帮你保持外廓的对称。在一张纸片上画一个模板，形状不要太复杂，线条要连续。

1 要想在铝线的一端做出完美的小圈，用圆头钳夹住铝线末端，然后往圆头钳的一侧弯折。

2 将铝线放在模板上，用一只手的手指压住小圈，用另一只手把铝线按照模板的形状弯折。按照需要调整按压铝线的手指位置。

珠冠

在蛋糕的顶部或底部增加一顶珠冠可以立即将一个装饰得十分简单的蛋糕变成令人惊艳的餐桌中心摆饰。珠冠可以提前制作好，在特殊时刻到来时即刻放上去即可。装饰珠冠有很多方法，接下来将会介绍几种装饰方法，以及怎样把所有的元素都组装到一起。

深海采珠
这款精美蛋糕的特色就是蛋糕底部围绕的珠冠，它让整个蛋糕设计显得与众不同。

简单的拧线

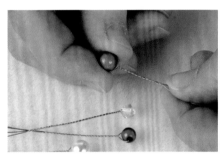

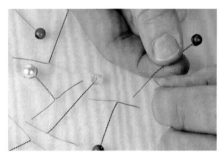

1 将一颗珠子串到剪好的一段0.3mm彩色美工线上。用一只手的大拇指和食指将珠子固定在线的中间位置，然后用另一只手的大拇指和食指将珠子两端的线并在一起。

2 一直旋转珠子，同时慢慢地让线在另一只手的手指间滑动，以形成均匀的扭转。

3 将线拧到一定的长度，然后将两头分开，形成一个T字形。

小窍门
将线拧均匀的秘诀是用均匀的力度来释放它。

在拧好的线上串珠子

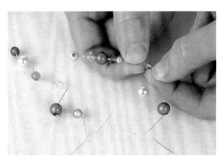

1 按照上面描述的步骤将一颗珠子拧在0.3mm的线上，拧到离线的末端还有大约1cm时停下来。在拧好的线上串上珠子，然后再把线的两头分开，形成一个T字形。

2 将拧好的线弯折成Z字形。线的弯折可以让珠子保持在不同的高度。

在一根线上串一组珠子

在一段0.3mm的线上串上一些选好的珠子。用一只手的大拇指和食指将珠子固定在线的中间位置，然后用另一只手的大拇指和食指将线的两端并在一起。将珠子一直旋转，同时慢慢地让线在另一只手的手指间滑动，以形成均匀的扭转。

在线的顶端固定一颗珠子

这种装饰可以用作珠冠的元素或作为顶部装饰直接插在花束固定钉里。

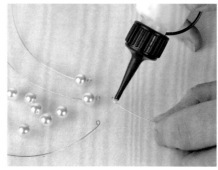

1 剪几段0.5mm的彩色美工线。用圆头钳夹住线的末端往一侧弯折，以形成一个完美的小圈。

2 在美工线上紧挨着小圈的地方涂上一点珠宝胶，然后串上一颗珠子，使它置于珠宝胶上，然后放在一旁晾干。在胶水干了之后，在距离末端2.5cm的位置将线弯折成L字形。

用夹珠固定珠子

夹珠是一种很小的金属珠子，用来压在线上以固定其他珠子。用这种方法可以制作珠冠或自由发挥的蛋糕顶饰。

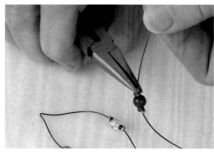

1 在一根0.5mm的彩色美工线上先串一颗夹珠，再串好一颗或几颗珠子，然后再串一颗夹珠。用扁头钳或夹钳将第一颗夹珠夹紧，将它固定在线上。

2 拿起美工线，让珠子和另一颗夹珠滑下来，挨着第一颗已经夹紧的夹珠。把第二颗夹珠也夹紧，这样所有的珠子就都固定到位了。

粉红天堂

这款迷你蛋糕底部围绕的珠冠和顶部装饰的珠子与糖膏的颜色十分搭配。

抽象理性

丝线既可以弯折成抽象的形状，也可以卷成规则的线卷，而夹珠则能够帮你把珠子都固定在你想要的位置，就像这个蛋糕上的顶饰一样。

制作线卷

只用丝线就可以制作出有趣的珠冠元素。这里有一个我认为十分有用的例子。

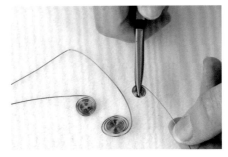

1 剪一段大约25cm长的0.5mm彩色美工线，用圆头钳夹住线的末端往一侧弯折，以形成一个完美的小圈。

2 用扁头钳水平地夹住小圈，用另一只手拉美工线，使它围着小圈绕。每绕大约四分之一圈时转换一下钳子夹的位置，然后继续绕。当线卷大到可以用手指捏住时，转而用手指捏住继续绕圈，直到线卷达到所需的大小。将线的末端弯折一下，形成一个L字形，以装在珠冠上。

组装珠冠

要想将珠冠的所有元素都组装起来，你需要一些0.3mm的彩色美工线来组装，还需要一根作为基底的线，以将所有元素都绑在上面。选择一根牢固的珠宝线（适合新手，因为它可以很好地保持形状）或者铝线（当你对捆绑技术熟练之后会更容易操作）。

秀冠钻冕
本章开始时展示的蛋糕上的珠冠就是用下面介绍的步骤组装的。

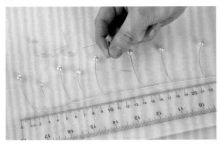

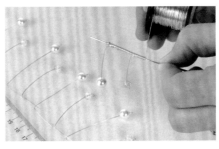

1 首先决定珠冠的周长，然后根据这个长度（或者稍微长一些）剪下一段用作基底的线。你可以用蛋糕托板来量出线的长度。将线弄直，然后计划好所有元素的放置位置，确保重复元素之间的间隔均匀。通过这样的计划，你还可以看出自己准备的元素是否足够。

2 从一端开始，将准备好的T字形或L字形元素捏在基底线上，然后用0.3mm线将T字形的两边和基底线整齐地绕在一起。捏住第二个T字形，沿着基底线继续缠绕下去。

3 继续这个过程，每隔几厘米就增加一个T字形。要想把珠冠的两头接在一起，继续缠绕到基底线的末端，然后将两端拼接起来或交叠一小部分，继续缠绕直至回到起点处。

4 在必要时调整一下珠冠基底的形状，以形成一个完美的圆形（用蛋糕托板可以很好地帮你调整珠冠形状）。要想把珠冠固定在蛋糕上，用调配成与蛋糕相搭颜色的蛋白糖霜沿着珠冠的底面涂上一圈，然后把它放在蛋糕顶层的中间。用一支湿画笔将任何可见的多余蛋白糖霜刷掉，然后等它晾干。

小窍门
如果你捆绑得不是很整齐，可以在基底线上绕上一个小珠环，这样不但可以掩盖不完美之处，还可以增加趣味。

范例

★ 现代精品

"切割"章节，第33页。

各50g，海军蓝25g

☆保鲜膜或透明塑料袋

☆几个圆形切模和PME16、17、18号裱花嘴

☆美工刀

☆直尺和三角板

☆可调尺寸的条形切割器（FMM）

☆蛋白糖霜

☆糖胶

☆15mm宽的黑丝带

制作步骤：

1 按照第36～37页的说明将蛋糕切割好。

2 将每层蛋糕放到相应的硬纸板蛋糕托上，然后放在蜡纸上。用白色糖膏分别将每层蛋糕以及鼓形托板盖好，放置晾干。

3 给两个下层的蛋糕装上暗钉，将蛋糕堆叠在盖好糖膏的托板上，用蛋白糖霜将它们固定好。

4 将每份造型膏放在距离很近的间隔条中间擀平，擀好之后用保鲜膜或透明塑料袋盖好，以防止它们变干。

5 用美工刀在直尺的帮助下切出一些直边的形状。从每层蛋糕的底部开始，用糖胶将形状贴在蛋糕侧面。贴好之后，用美工刀和直尺按照需要调整形状的大小、形状和角度。第73页的操作步骤可能会对你有所帮助，因为这些形状需要紧密地互相邻接在一起。

6 按照第74页的说明用圆形切模制作一些同心圆形状，然后将整个或部分圆形按照自己的喜好贴在蛋糕上。

7 参照范例或者从康丁斯基的绘画中寻找灵感，给蛋糕增加一些内嵌形状。

8 用可调尺寸的条形切割器切一些细长的黑色造型膏，放置一会儿，稍微干燥之后贴在蛋糕上，用直角尺来确保它们完全平直。用美工刀切掉多余的长度。

所需材料：

☆7.5cm高的圆形蛋糕：25.5cm、18cm、10cm

☆30.5cm的圆鼓形蛋糕托板

☆圆形硬纸板蛋糕托：18cm、12.5cm、6.5cm

☆糖膏：白色3kg

☆造型膏：红色100g，粉色75g，黑色60g，紫色、黄色、绿色、浅蓝、白色

★ 拼缝爱心

"上色"章节，第39页。

☆剪影模板（见第163页）

☆蕾丝

☆黑色可食用色膏

☆纸巾

☆切模：厚底高跟鞋切模（LC），一套圆形切模（FMM几何形状组合），PME4、16、18号裱花嘴

☆模具：经典菊花（FI-FL271）、花朵组合迷你片（FI-FL107）

☆15mm宽奶油色丝带

制作步骤：

1 用奶油色糖膏将鼓形蛋糕托板盖好，然后用枝叶花纹镂花模进行压花。

2 按照第34页的说明将蛋糕切割好。

3 接下来给蛋糕的各部分盖糖膏。用红色和黑色糖膏制作千花图案（见第45页），将香肠状的糖膏做成豹纹效果，然后按照图片所示盖在蛋糕上。

4 将奶油色糖膏擀平，用牡丹蛋糕顶部镂花模进行压花，切出一个圆形，放置在两块红黑豹纹糖膏之间。

5 用蕾丝在白色糖膏上压好花，然后将糖膏贴在心形的顶部。

6 用奶油色和棕色混合糖膏制作出大理石花纹（见第42页），用来贴在心形的右上角。用刻纹工具在上面刻出花纹，使它看起来更像布料的纹理。

7 将空白的地方盖上白色糖膏。然后按照第43页的方法制作一些黑底白点的糖膏，用来制作一个画框。

8 用黑色可食用色膏给蕾丝压花糖膏涂色，干燥之后用纸巾将表面的颜色擦掉，以显现出花纹（参照第50页的方法）。

9 添加装饰。用模具制作好花朵（见第115~116页），然后用美工刀按照第163页的模板切出剪影图案。增加一些细长的黑白条纹造型膏（见第44页）。用大理石花纹的造型膏制作几颗纽扣，用千花图案的造型膏切出高跟鞋形状（见第42页和第45页）。最后用擀得很薄的大理石花纹造型膏制作一些褶边贴在蛋糕上。

所需材料：

☆20cm圆形蛋糕。

☆30.5cm圆鼓形蛋糕托板

☆糖膏：红色、黑色、奶油色、棕色、白色

☆造型膏：粉色、黑色、白色、奶油色和棕色混合色、红色

☆镂花模：牡丹花蛋糕顶部图案（LC）、枝叶花纹顶部图案（DS-C357）

☆美工刀

☆刻纹工具

★ 红艳罂粟

"涂绘"章节，第47页。

☆裱花嘴：PME 1号
☆蛋白糖霜：黑色、白色
☆裱花袋
☆画笔和天然海绵
☆花朵成型器
☆纸巾
☆球形工具和泡沫垫
☆切割轮刀（PME）和镊子
☆15mm宽黑色丝带

制作步骤：

1 按照第81页的说明制作罂粟花。

2 给蛋糕盖上白色糖膏，给鼓形托板盖上红色糖膏，放置晾干。

3 稀释好红色可食用色膏，然后在蛋糕侧面画5个新月形，作为每朵罂粟花的底色。画好之后立即用一块湿的天然海绵将颜色往花朵的中央位置涂抹（参考第49页的说明）。

4 晾干之后，用黑色可食用墨水笔按照第51页所示画出罂粟花的花瓣和雄蕊。

5 给糖艺冲压器装上1号裱花嘴，挤压出几条细的黑色造型膏，在每朵花的下边缘处贴上一条。

6 给糖艺冲压器装上小号圆形片，挤压出几条绿色造型膏，然后贴在每朵罂粟花下面以作为花茎。

7 将蛋糕放在鼓形托板上，用糖艺冲压器挤压出一条黑色的造型膏，将它围绕在蛋糕与托板的接合处。

8 在黑色造型膏上切出6个大的漩涡形和1个小的漩涡形。待稍微干燥一些之后将1个大漩涡和小漩涡贴在蛋糕顶部。将剩下的5个大漩涡修整一下，使它们能够紧密地贴在蛋糕底部旁边。

9 在每个漩涡周围用白色的蛋白糖霜裱一些小圆点。

所需材料：

☆12.5cm圆形蛋糕
☆13cm圆鼓形蛋糕托板
☆糖膏：白色、红色各500g
☆造型膏：黑色、绿色
☆可食用色膏：红色、黑色

☆黑色可食用墨水笔
☆切模：大号罂粟花切模（LC）、漩涡（PC）
☆罂粟花瓣叶脉器
☆糖艺冲压器

★ 堆叠帽盒

"镂印"章节，第57页。

所需材料：

☆圆形蛋糕：25.5cm、20cm、15cm

☆圆形硬纸板蛋糕托：25.5cm、20cm、15cm

☆35cm圆鼓形蛋糕托板

☆糖膏：极淡的粉色（托板、顶层）、紫色（底层）各1.6kg，淡粉色（中层）、紫红色（中层）各500g

☆造型膏：淡粉色225g，极淡的粉色175g，紫色、紫红色各50g

☆可食用色粉：粉色（玫瑰SK）、紫红色（仙客来SK）、紫色（紫罗兰SK）、淡粉色和超白色（SF）

☆蛋白糖霜

☆镂花模：花缎蛋糕侧面图案（DS）、枝叶花纹侧面图案（DS）、别致玫瑰圆形图案（DS）

☆镂花模侧面固定工具

☆可调尺寸的条形切割器（FMM）

☆糖艺冲压器

☆15mm宽紫红色丝带

制作牡丹所需材料：

☆糖花膏：紫红色150g、绿色25g

☆可食用色粉：粉色（玫瑰SK）、紫色（紫罗兰SK）、绿色

☆大号花朵切模（OP-F6C）

☆叶脉工具（HP）

☆球形工具和泡沫垫

☆牡丹叶脉器（GI）

☆花朵成型器

制作步骤：

1 用800g极淡的粉色糖膏盖好鼓形托板。用玫瑰圆形图案镂花模和整平器进行压花，修整至合适的大小。

2 将每层蛋糕放在相应的硬纸板蛋糕托上，按照第27页的说明分两步盖好糖膏，先盖侧面，再盖顶面。这样可以使糖膏在蛋糕顶面边缘处形成鲜明的边角，并且盒盖可以将糖膏的接口处遮住。

3 对底层蛋糕操作时，应抬起蛋糕或将蛋糕翻转过来后再放上镂花模，这样可以使镂花图案从蛋糕的底部开始。用侧面固定工具将镂花模固定好。用添加了超白色粉且调入了少量紫红色色粉的蛋白糖霜进行镂印。按照需要重复镂印和遮盖（参见第65页）。

4 对中层蛋糕操作时，将淡粉色造型膏放在间隔条中间擀平，大小要足够围绕蛋糕的侧面。用枝叶花纹侧面图案和可食用色粉进行镂印（见第60页）。切出边缘平直的一个长方形。在蛋糕侧面涂上糖胶，然后小心地将糖膏转移到蛋糕上，如有可能最好让别人帮你一把。

5 对顶层蛋糕操作时，应像中层蛋糕那样使用造型膏，但是用蛋白糖霜来进行镂印（见第64页）。

6 将糖膏先擀成香肠状，再擀成均匀的5mm厚，用于制作盒盖的边缘。用可调尺寸的条形切割器切成条状，然后贴到蛋糕上。

7 给糖艺冲压器装上中等大小的槽形冲压片，挤压出带条状的造型膏，然后放置在每层帽盒的边缘处，使边缘看起来更自然。根据个人喜好用可调尺寸的条形切割器切出几条造型膏，给帽盒增加装饰。

8 给下层蛋糕装上暗钉，然后层叠起来，置于托板上，旁边要给牡丹留个位置。

9 按照第82~83页的步骤制作2朵牡丹花和4组叶子，然后装点在蛋糕和托板上，大功告成。

★ 红粉佳人

"镂印"章节，第63页。

所需材料：

☆12.5cm圆形蛋糕

☆20cm圆鼓形蛋糕托

☆糖膏：粉色和极淡的粉色各500g

☆粉色糖花牡丹（见第82~83页）

☆蛋白糖霜

☆粉色可食用色膏

☆镂花模：牡丹蛋糕顶部图案（LC）、牡丹蛋糕侧面图案（LC）

☆镂花模侧面固定工具

☆15mm宽暗粉色丝带

制作步骤：

将蛋糕和鼓形蛋糕托分别用极淡的粉色糖膏和粉色糖膏盖好。按照第63~64页的步骤用粉色可食用色膏给蛋白糖霜调色，然后在蛋糕的顶面和侧面用蛋白糖霜镂印好图案。将糖花牡丹安置在蛋糕顶部，大功告成。

★ 花团锦簇

"切模"章节，第69页。

所需材料：

☆圆形蛋糕：20cm、15cm、10cm

☆30.5cm圆鼓形蛋糕托板

☆圆形硬纸板蛋糕托：20cm、15cm、10cm

☆糖膏：白色1.5kg、粉色1kg

☆造型膏：粉色200g，浅蓝色150g，黄色125g，灰绿色75g，深蓝色、白色、红色各25g，深绿色15g

☆切模：圆形面团切模、优雅心形（LC）、扁平花朵组合1（LC）、大号扁平花朵（LC）、涡卷和花瓣组合（LC）、雏菊中心印章（JEM）、梦幻花朵（PC）、玛格丽特雏菊（PME）

☆镂花模：日式花朵和涡卷（LC）、中式花朵圆形（LC）

☆蛋白糖霜

☆裱花嘴：PME 2、4、16、17、18号

☆裱花袋

☆糖艺冲压器

☆15mm宽亮粉色丝带

制作步骤：

1 将蛋糕放在相应大小的硬纸板蛋糕托上，然后分别用白色的糖膏盖好。

2 用粉色的糖膏盖好鼓形蛋糕托板，放置晾干。

3 给蛋糕装上暗钉，然后层叠在盖好糖膏的蛋糕托板上。

4 在底层蛋糕的底部贴上一条4cm宽的粉色造型膏。

5 用日式花朵和涡卷镂花模在擀得很薄的蓝色造型膏上进行压花。用圆形面团切模切出一些大的圆形，然后切掉一部分，使它们挨着粉色的长条互相邻接着贴在蛋糕上。

6 将灰绿色的造型膏放在距离很近的间隔条中间，擀成7.5cm宽的长条。用面团切模从一边切掉部分圆形，使它能够贴合蓝色的圆形。擀好的造型膏在拎起来之后可能会稍微拉伸一点。将它在蛋糕上贴好之后，用一个稍小一些的圆形切模从上边缘切掉部分圆形。这样一来，灰绿色的造型膏便将下面两层蛋糕之间的接缝遮盖住了。

7 给糖艺冲压器装上一个小号圆形冲压片，挤压出红色的造型膏，用作蓝色圆形顶部的饰边。

8 用涡卷和花瓣组合中的花瓣切模、大号扁平花朵切模和雏菊中心印章式切模按照第72页的方法制作出8朵花，用来装饰底层蛋糕。将这些多层花朵的各部分直接贴到蛋糕上，变换花瓣的高度和位置。

9 中层蛋糕需要5朵大花和5朵小花来装饰。对于大花，用优雅心形切模制作最外层的花瓣，用梦幻花朵切模制作次外层，用扁平花朵和雏菊中心印章式切模制作内层。给浅蓝色的造型膏用中式花朵圆形镂花模进行压花。将这些多层花朵的各部分直接贴到蛋糕上，变换花瓣的高度和位置。

10 制作一些黄色的玛格丽特雏菊，用16号裱花嘴将它们的中心切掉，然后排放在蛋糕托板上。

11 用2号裱花嘴和白色的蛋白糖霜在托板边缘处裱制一些小圆点。

12 用17号和4号裱花嘴作为切模切出一些小圆形，然后贴在灰绿色的带子上，组合成圈状。

13 最后，制作一些蓝色的玛格丽特雏菊，用裱花嘴切掉它们的中心，然后装点在中层和顶层蛋糕上。按照需要将形状进行修整和邻接。

★ 时尚提包

"花朵"章节，第77页。

所需材料：

☆25.5cm方形蛋糕

☆25.5cm方鼓形蛋糕托板

☆模板（见第162~163页）

☆糖膏：黑色600g、深粉色1kg

☆造型膏：深粉色300g

☆塑糖：灰色500g

☆糖胶

☆糖釉

☆镂花模：32.5cm的大号绒线刺绣顶部图案（DS-W086CL）

☆车线工具（PME）

☆切模：中号椭圆切模组合2（LC）、圆形切模（FMM几何形状组合）

☆糖艺冲压器

☆刻纹工具

☆美工刀

☆切割轮刀（PME）

☆15mm宽黑白丝带

制作步骤：

1 给鼓形蛋糕托板盖上黑色糖膏，并且按照第59页的方法用可食用珠光色粉镂印好花纹。修整好大小之后，放置晾干。

2 给糖艺冲压器装上中号圆形冲压片，挤压出4条塑糖，然后用2.5cm圆形切模作为成型器，制作4个圆环。再制作两个2.5cm的圆形片，用镂花模在表面压好花，用作提包扣。等它们完全干燥之后，将可食用银色珠光粉和糖釉混合，作为涂料涂在上面。

3 按照第35页的步骤使用模板将蛋糕切好。将切好的蛋糕放在蜡纸上并为其盖上糖膏，但首先应在提包的背面薄薄地涂上一层奶油。

4 将足够量的糖膏擀成均匀的5mm厚（最好使用间隔条），擀出的形状和这个区域大致一样。将糖膏的一条长边切直，将糖膏放到涂好奶油的区域上，使切直的那条边与蛋糕的底边齐平，用整平器将糖膏修理平整。

5 用剪刀粗略地将多余的糖膏剪掉（现在只是把多余的剪掉，不需要剪得很平整）。用切割轮刀在糖膏上划出提包的两条侧边，两边需要大致对称。然后用美工刀切掉多余的糖膏。在糖膏的顶部沿着蛋糕中线处切开。

6 参照正面的模板，在提包的正面贴上一些小的香肠状糖膏，这样可以形成褶皱的效果。给提包的正面盖上糖膏，像背面一样修整好大小。用手指和刻纹工具使香肠上的糖膏形成褶皱状。

7 给提包的侧面也盖上糖膏，同样也是先将糖膏的一边切平，再贴到提包上去。将侧面的糖膏修整好，使其与正面和背面的糖膏紧密贴合。

8 使用刻纹工具将提包各面接合的地方往里压，形成一条凹陷，以便放置接缝的镶边。

9 给糖艺冲压器装上中号圆形冲压片，挤压出长条的镶边，贴在提包接缝处。再用大号圆形冲压片制作两条粗一些的镶边，贴在提包的顶部合口处。

10 使用模板从擀薄的造型膏上切出两块曲线形状的糖膏，然后贴在提包的正面和背面。用车线工具沿着它们的边缘走一圈，以制造缝线的效果。

11 按照第78~79页的方法用造型膏制作一些布艺花，将它们贴在提包的正面。

12 用2cm宽的条状造型膏穿过塑糖圆环，然后将条状造型膏贴在曲线形状的顶部。

13 擀制两条香肠形的糖膏，宽1cm，长25cm，用作提包的提手。将剩下的造型膏擀成一条薄的长带，纵向对半切开。将每条造型膏裹在香肠形糖膏上，造型膏在两头要超出糖膏大约2cm。将超出的2cm造型膏穿过提包上的圆环，再折回来。用糖胶将它们贴好，必要时可在胶水未干的情况下提供一些支撑。

14 在提包扣的背面各贴上一个小球，然后用糖膏安置在提包的顶部。

15 最后，将装饰好的蛋糕转移到准备好的托板上。

★舒适靠垫

"压花"章节，第85页。

所需材料：

☆7.5cm高的方形蛋糕：28cm、23cm、18cm

☆35.5cm方鼓形蛋糕托板

☆方形硬纸板蛋糕托：15cm、10cm、7.5cm

☆糖膏：象牙白1.5kg，金棕色1.2kg，深蓝色、奶油色各1kg，蓝色、海绿色各500g

☆造型膏：灰绿色、水蓝色、海军蓝、金棕色、白色、海绿色

☆糖艺冲压器

☆带纹理的擀面杖：水印塔夫绸（PC）、兰花（PC）、亚麻（PC）

☆压花器：漩涡和心形（PC）、刺绣组合（PC）、花朵压花印章（FMM花朵1）、藤蔓浆果压花杆（HP组合11）、花朵刺绣压花杆（HP组合10）、小号花朵压花杆（HP组合1）

☆切模：佩斯利（LC）、扁平花朵组合1（LC）、55mm非洲菊（PME）、卷叶（LC）、艺术叶子（LC）、泪滴（LC）、玛格丽特雏菊（PME）、圆形切模、大号花朵（LC）

☆裱花嘴：圆形，PME1、2、4、16、17、18号；条形，PME32R号

☆镂花模：枝叶花纹顶部图案（DS-C358）、日式花朵和涡卷（LC）、中式花朵圆形（LC）、牡丹蛋糕顶部图案（LC）

☆雏菊模具组合（FI-FL288）

☆刻纹工具

☆可食用色膏：金棕色（秋叶，SF）、灰绿色、蓝色

☆可食用金色珠光色粉（SK）

☆透明的酒（例如杜松子酒或伏特加）

☆糖胶

☆取食签（牙签）

☆蛋白糖霜

☆15mm宽奶油色、象牙白色丝带

制作步骤：

1 将托板用金棕色的糖膏盖好，再用镂花模进行压花。等干透之后，将可食用金色珠光粉和水调成涂料，用海绵涂在糖膏上，以突出压花的图案（见第49页）。

2 制作模板。剪好和蛋糕同样大小的纸，将每张纸对折，再对折，形成小正方形，然后再沿着从中心到外角的对角线对折。在纸上从短边到外角画一条圆滑的曲线，根据不同的层距离外角分别为3.5cm、2.5cm、1.5cm。沿着曲线将纸剪开，然后打开。

3 将蛋糕顶面切平。按照第34页制作心形蛋糕的方法将模板放在蛋糕顶面，垂直地切下蛋糕，以形成基本形状。

4 用取食签（牙签）在每块蛋糕的侧面标记出水平的中线。然后从蛋糕的顶部往中线方向切出曲线形状。将蛋糕翻转过来，用同样的方法切出下面的曲线形状。

5 将蛋糕放在蜡纸上，接下来给它盖糖膏。在靠垫的顶面薄薄地抹上一层奶油，以填满表面的小孔，并帮助糖膏粘在蛋糕上。将相应的硬纸板蛋糕托放在顶部（它将成为蛋糕的基底）。擀好糖膏，用带纹理的擀面杖在上面压出花（见第88页），然后盖在靠垫的顶面。将糖膏修剪到中线的位置。将蛋糕翻转过来，用同样的方法盖好另一面。小心地修剪好大小，然后用手指摩擦边缘处，使接缝看起来更加平整。按照需要用整平器将糖膏表面压平。

6 用刻纹工具从接缝处开始往两边压出一些线条。用手指摩擦压下的糖膏，使线条柔和一些。变化线条的角度、位置和长度，使靠垫看起来更真实。最后将整条接缝也往下压。

7 用造型膏按照喜好装饰蛋糕。大靠垫使用了"压花"章节的很多方法。中间的靠垫只用了切模切出的形状（见第71页）和糖艺冲压器制作的线条进行装饰。

8 用糖艺冲压器挤压出的造型膏给每个靠垫的接缝处增加饰边。

9 装饰好之后，用透明的酒稀释可食用色膏，涂在一些压花图案上面（见第51页）。放置晾干。

10 给蛋糕装上暗钉并层叠在一起，用蛋白糖霜来固定。

★高迪杰作

"工具"章节，第93页。

所需材料：

☆7.5cm高的圆形蛋糕：20cm、12.5cm

☆28cm的圆鼓形蛋糕托板

☆圆形硬纸板蛋糕托：12.5cm、9cm

☆糖膏：象牙白2.2kg

☆造型膏：蓝色、浅水蓝色、粉色、橙色、象牙白、紫色

☆划线器

☆八角星模板（见第161页）

☆康乃馨切模组合（FMM）

☆裱花嘴：PME 16、18号

☆糖艺冲压器

☆美工刀

☆切割轮刀（PME）

☆直尺

☆糖胶

☆取食签（牙签）

☆可食用墨水笔（任意颜色）

☆蛋白糖霜

☆15mm宽蓝色丝带

制作步骤：

1 按照第36～37页的详细步骤将蛋糕切好。

2 将每层蛋糕放到相应的硬纸板蛋糕托上，然后置于蜡纸上。将各层蛋糕和鼓形托板分别盖好糖膏。放置晾干。

3 给下层蛋糕装上暗钉，然后将蛋糕层叠在盖好糖膏的托板上，但是这时先不要用蛋白糖霜把它们粘在一起。

4 用划线器围绕着每层蛋糕的底部划线。将各层蛋糕分离开，这时在托板以及下层蛋糕的表面都可以看到一个划出的圆圈。

5 检查一下星形模板是否紧密贴合划出的圆圈，必要时调整模板的形状。将浅水蓝色的造型膏放在间隔条中间擀平，用美工刀按照3个模板切出3个星形。将星形在蛋糕上放好，然后在星星的每个角上涂上一些糖胶即可。

6 用康乃馨切模制作内嵌花朵（见第74页）。用切割轮刀在康乃馨上压出线条。

7 用裱花嘴从图案上切掉几个小圆，用造型膏小球替代。将每个小球压扁一些，形成圆顶效果。

8 将蛋糕层叠到划线的圆圈内，确保星形装饰与蛋糕侧面紧密邻接。

9 用取食签（牙签）标记出粉色和蓝色双色星形的锐角顶点，依靠直尺用线把它们连起来。参照照片，注意蛋糕侧面的边要比在顶面的边长。

10 将粉色和蓝色造型膏放在间隔条中间擀平。在它们中间分别按照模板切出一个星形，确保在星形旁边有足够的造型膏覆盖到各个顶点。

11 在直尺的帮助下，沿着星形两个相对的锐角之间的连线将造型膏切开。总共要切8条线。切好之后将中间的星形拿掉。

12 将一片切出的造型膏放在蛋糕上，一条边挨着中间的星形，另一条直边挨着取食签标记的线条。在直尺的帮助下，用美工刀按照第100页的方法从浅水蓝色五角星的优角顶点开始切到取食签标记的顶点处。重复该步骤，直到所有星形都完成。

13 用可食用墨水笔直接在蛋糕上画出波浪形边缘（见第51页）。

14 用蜡纸给每个波浪形边缘的形状制作一个模板，并进行编号以防止弄混。将每个模板分成4个部分，然后按照这些模板切出造型膏的形状。将每个形状贴到蛋糕上去。

15 用糖艺冲压器制作饰边和波浪形曲线。最后在橙色饰边上每隔一段距离放置一个粉色的小球形造型膏。

★琼花嫣梦

"裱花"章节，第103页。

所需材料：

☆圆形蛋糕：18cm、10cm

☆圆鼓形蛋糕托板：28cm、20cm、12.5cm

☆糖膏：深珊瑚色、中珊瑚色各800g，略带

珊瑚色调的白色500g，浅珊瑚色400g

☆造型膏：4种糖膏颜色各25g

☆裱花嘴：PME 1、2、16号

☆可重复使用的裱花袋和连接器

☆蛋白糖霜

☆超白色粉（SF）

☆糖艺冲压器

☆花朵模板（见第163页）

☆15mm宽珊红色丝带

制作步骤：

1 给蛋糕和鼓形托板盖上合适颜色的糖膏。两个较小托的侧面也要盖上糖膏。

2 使用模板，将花朵图案压在或者用划线器画在蛋糕和最大的鼓形托板上。注意，这两种方法对糖膏表面的硬度要求不同，压花需要糖膏柔软一些，用划线器画则需等糖膏表面变硬之后再进行（见第53页）。

3 在蛋白糖霜里添加一些超白色粉，用它在花朵上进行绘画刺绣（见第111页）。

4 给下层蛋糕装上暗钉，将蛋糕层叠起来。

5 将白色的造型膏擀薄，用16号裱花嘴切一些圆形（见第71页），然后将它们随意地装点在蛋糕上。

6 用1号裱花嘴在每个圆形周围以及花朵中心裱一些小圆点。

7 给糖艺冲压器装上中号圆形冲压片，制作两条饰边，围绕在两个较小的鼓形托板底部。

8 换上小号圆形冲压片，在蛋糕上增加一些曲线。

★甜美花束

"模具"章节，第113页。

所需材料：

☆10cm球形蛋糕

☆23cm圆鼓形蛋糕托板

☆糖膏：紫色、绿色、白色各200g，奶油色25g

☆镂花模：世纪之交18cm团花形（DC-C333）

☆模具：经典菊花（FI-FL271）、菊花（FI-FL248）、中号花朵组合（FI-FL306）

☆可食用色粉：雪花光泽珠光粉、灰绿色、奶油色、深紫色

☆可调尺寸的条形切割器（FMM）

☆糖胶

☆15mm宽紫色丝带

制作步骤：

1 给鼓形蛋糕托板盖上白色糖膏，并用雪花色泽珠光粉镂印好图案（见第59页）。重新将糖膏按照托板边缘修整好。

2 给蛋糕盖上白色糖膏。

3 用造型膏和模具制作出一些花朵（见第115页）。在一些花朵的中央涂上一些合适的可食用色粉。

4 用糖胶将花朵贴在球形蛋糕上，让花瓣交叠在一起，使它们看起来更自然。

5 将球形蛋糕转移到准备好的托板上。

6 将奶油色的造型膏擀薄，用可调尺寸条形切割器切出几条带子。将一个长条贴到蛋糕顶部，扭曲几下之后垂到蛋糕和托板上。用另外的带子做两个环，放到蛋糕的顶部，最后再加上蝴蝶结的中心。

★秀冠钻冕

"蛋糕珠宝"章节，第123页。

所需材料：

☆12.5cm圆形蛋糕

☆20cm圆鼓形蛋糕托板

☆糖膏：淡暗粉色425g、紫丁香色350g

☆造型膏：梅红色、深粉色、灰紫色各50g

☆蛋白糖霜

☆可食用色粉：略带一丝暗粉色的超白色（SF）、秋叶色（SF）

☆裱花嘴：PME 1号

☆裱花袋

☆3.5cm圆形切模（FMM几何形状组合）

☆直角尺

☆15mm宽色粉色丝带

蛋糕珠宝所需材料：

丝线：

☆1.5mm银色铝线与牢固的珠宝线

☆0.5mm和0.3mm暖银色美工线

☆玫瑰粉金银线

珠子：

☆4mm、5mm、6mm、8mm象牙白珍珠

☆6mm紫色木珠

☆6mm紫水晶裂纹珠

☆4mm、5mm、6mm透明施华洛世奇水晶珠

☆6mm玫瑰色施华洛世奇水晶珠

☆6mm暗粉色奇幻珠

☆紫色和粉色洛可可珠

☆银色夹珠

蛋糕制作步骤：

1 给蛋糕和鼓形蛋糕托板分别盖好糖膏。干燥之后将蛋糕放到托板上。

2 将梅红色的造型膏放在间隔条中间擀平，切出7个圆形。将每个圆形对半切开，小心地贴到蛋糕上，每个半圆之间隔开1mm的间隙。

3 用深粉色和灰紫色的造型膏按照第73页的步骤增加第二排和第三排的形状。记住，第一排的半圆之间是留了1mm的间隙的。

4 为第四层的小圆点制作一个卡片模板，然后将形状划在蛋糕上（见第53页）。

5 为第五层也制作一个模板，曲线要比第四层稍陡一些，同样也划在蛋糕上。

6 在直角尺的帮助下，在托板上划上放射状的线条，在蛋糕侧面划的曲线之

间划上垂直的线条。

7 在裱花袋里装上用可食用色粉调好色的蛋白糖霜，用1号裱花嘴沿着所有划线以及第一层半圆的顶部裱制小圆点。

珠宝制作步骤：

1 将7颗8mm的珍珠分别固定在7根0.5mm线的顶端（见第130页）。

2 在7根0.3mm线上分别串上7组珠子（见第130页）。

3 按照第131页的方法将这些元素都固定到一根铝线或珠宝线上。将线的两头接起来，形成一个珠冠。

4 用一些小珠子和金银线制作一些珠环（见第126页）。将这些珠冠紧紧地绕在珠冠的基底上。

5 在珠冠的底部裱上蛋白糖霜，然后把它放到蛋糕上（见第131页）。

★魅力之泉

"蛋糕珠宝"章节，第127页。

所需材料：

☆圆形蛋糕：10cm、6cm

☆18cm圆鼓形蛋糕托板

☆圆形硬纸板蛋糕托：10cm、6cm

☆糖膏：带一丝桃红的白色、蓝色

☆造型膏：浅橙色、深橙色、蓝色、海军蓝、带一丝桃红的白色

☆蛋白糖霜

☆超白色粉（SF）

☆桃红色可食用色膏

☆现代花朵镂花模（DS-C559）

☆切模：18cm玛格丽特雏菊（PME）、花朵活塞切模（PME）、15mm六瓣花朵（LC扁平花朵组合1）

☆雏菊中心印章（JEM）

☆15mm宽蓝色色丝带

蛋糕珠宝所需材料：

丝线：

☆24g翠蓝色珠宝线

珠子：

☆6mm、8mm橙色木珠

☆6mm蓝色奇幻珠

☆6mm琥珀色奇幻珠

☆4mm、6mm象牙珠

☆绿松石裂纹珠

☆金色洛可可珠

☆花束固定钉

☆绿胶（Oasis Fix）

制作步骤：

给蛋糕托板盖上蓝色糖膏。待干燥之后，用加入超白色粉和少量桃红色可食用色膏进行调色的蛋白糖霜在上面镂印好图案（见第63页）。将两层蛋糕分别放在相应的硬纸板蛋糕托上，各自盖好糖膏。在上层蛋糕的顶部中央插入一个花束固定钉。给下层的蛋糕装上暗钉，待糖膏变干之后，将蛋糕层叠到准备好的托板上，用蛋白糖霜加以固定。用造型膏切出一些花朵形状，装点在每层蛋糕上，托板上也随意地放置一些。用造型膏和雏菊中心印章制作花蕊。按照第127页的方法制作珠宝喷泉。

★ 蜻蜓梦

"蛋糕珠宝"章节，第128页。

让造型膏稍微变干，等它们能够保持形状是可以稍微移动时，将最大的非洲菊放到蛋糕上，中心与花束固定钉对齐。在花瓣下面放上一些扭成条的纸巾，帮助花朵保持形状。剩下的两朵非洲菊也同样操作。用铝线做成卷曲形（见第128页），插入花束固定钉里。

★ 彩旗飘飘

"上色"章节，第44页。

所需材料：

☆6cm迷你蛋糕

☆糖膏：白色

☆造型膏：绿色、灰绿色、白色、深粉色、浅粉色

☆美工刀

☆小号三角形切模（LC）

☆装有Z字形切轮的可调尺寸的条形切割器（FMM）

☆糖艺冲压器

☆球形工具和泡沫垫

☆五瓣花朵切模（PME）

☆裱花嘴：PME 2号

制作步骤：

给迷你蛋糕盖上白色糖膏。用造型膏制作一些条纹和格子图案（见第44页）。切一条带状的绿色格子图案，围绕蛋糕

所需材料：

☆10cm圆形蛋糕

☆18cm圆鼓形蛋糕托板

☆糖膏：红色、黄色

☆造型膏：深绿色、红色、白色、蓝色、海军蓝

☆切模：小号泪滴（LC），小号椭圆（LC），火焰（LC），卷叶（LC），85cm、68cm和55cm非洲菊（PME），18cm玛格丽特雏菊（PME），15mm六瓣花朵（LC扁平花朵组合1）

☆切割轮刀（PME）

☆杯状花朵成型器

☆1.5mm铝线：品蓝色、翠蓝色

☆花束固定钉

☆纸巾

☆裱花嘴：PME 16、17号

制作步骤：

给蛋糕和蛋糕托板盖上糖膏，放置晾干。将造型膏擀薄，切出所需的形状。从蜻蜓身体的椭圆开始，将那些形状贴在蛋糕上。用一个小的红色泪滴形状来制作蜻蜓的尾巴，并用切割轮刀在火焰形状上画出蜻蜓翅膀的花纹。在蛋糕的顶部插入一个花束固定钉。切3个不同大小的非洲菊，并用17号裱花嘴在它们的中心切一个小洞。将它们放在大小合适的杯状成型器中，花瓣应该刚好在成型器的边缘弯曲。

的底部放置。再从条纹和格子图案的造型膏上切出一些小的三角形。将灰绿色色的造型膏擀薄，用可调尺寸的条形切割器切出3个波浪形长条。将它们按照图片所示贴在蛋糕上，再把三角形也贴上，使它们看起来像彩旗。给糖艺冲压器装上小号圆形冲压片，挤压出一条绿色的造型膏，贴在绿色格子的带子上面。在三条彩旗的连接处放上一个浅粉色的小圆球。制作一朵深粉色的杯状花（见第95页）。用裱花嘴较大的一头从条纹图案的造型膏上切一个圆形，再用较小的一头切两个小洞，以形成一个纽扣状。将纽扣放到花朵的中间。

★ 蔚海蓝天

"涂绘"章节，第48页。

所需材料：
☆5cm迷你蛋糕
☆10cm硬纸板蛋糕托
☆糖膏：白色
☆造型膏：海军蓝、蓝色、浅绿色、深绿色
☆蛋白糖霜
☆装有连接器的裱花袋
☆可食用色膏：薄荷绿、海军蓝、蓝色
☆切模：印度涡卷（LC）、佩斯利（LC）、小号泪滴（LC）、六瓣花朵（LC扁平花朵组合1）、玛格丽特雏菊（PME）
☆裱花嘴：PME 1、2号
☆糖艺冲压器
☆刻纹工具

制作步骤：
给蛋糕托板盖好糖膏，按照第48页的方法用渲染法上色。给蛋糕盖上糖膏，用造型膏、切模和层叠方法装饰好。用装有小号圆形冲压片的糖艺冲压器压制两条绿色的糖膏。将蛋糕放到托板上，沿着蛋糕和托板之间的接缝以及围绕托板的底部各放置一条糖膏作为饰边。按照第94页的方法给饰边压上花纹。用白色的蛋白糖霜在蛋糕上裱一些小圆点，以使那些形状更加突出。

★ 伦敦街头

"涂绘"章节，第54页。

所需材料：
☆6cm迷你蛋糕
☆糖膏：白色
☆待绘制的拼接画或图片
☆蜡纸
☆可食用墨水笔
☆可食用色膏
☆优质的画笔，包含0和0000号
☆透明的酒（例如杜松子酒或伏特加）

制作步骤：
制作一个你想要在蛋糕上绘制的拼接画，或者使用我的模板（见第162页）。给迷你蛋糕盖上白色糖膏，按照第51页的方法用蜡纸和可食用墨水笔将图画转移到蛋糕上。待糖膏晾干之后，将色膏

用透明的酒稀释，然后按照第54页的步骤将图案绘制好。

小窍门

在烘焙迷你蛋糕时，让它们烤好之后留在蛋糕模里冷却，而不要扣在格架上冷却。

★ 印度玫瑰

"切模"章节，第72页。

所需材料：
☆5cm迷你蛋糕
☆糖膏：淡桃红色
☆造型膏：海军蓝、橙色、珊瑚色
☆切模：梦幻花朵（PC）、扁平花朵组合1和2（LC）、小号泪滴（LC）、小号火焰（LC）、裱花嘴PME 16号
☆球形工具和泡沫垫
☆蛋白糖霜
☆裱花嘴：PME 1.5号
☆裱花袋

制作步骤：
给迷你蛋糕盖上淡桃红色糖膏。将造型膏擀薄，然后用切模切出所需的形状。用梦幻花朵切模在大的橙色花朵上压出花纹，并将珊瑚色花朵弄成杯状（见第95页）。然后将所有切出的形状贴到蛋糕上，按照喜好层叠好。最后在形状的周围用蛋白糖霜裱上一些小圆点。

★可口马赛克

"切模"章节，第75页。

所需材料：

☆6cm迷你蛋糕

☆糖膏：白色

☆造型膏：绿色、蓝色、紫色、红色、深粉色、粉色、橙色、黄色

☆切模：小号泪滴（LC）、裱花嘴 PME 16号

☆美工刀

☆切割轮刀（PME）

☆抹刀

制作步骤：

给迷你蛋糕盖上白色糖膏，放置晾干。装饰的步骤见第75页。

★花样优雅

"花朵"章节，第80页。

所需材料：

☆5cm迷你蛋糕

☆10cm硬纸板蛋糕托

☆糖膏：珊瑚粉、带一丝粉色的象牙白

☆造型膏：珊瑚粉、带一丝粉色的象牙白

☆带纹理的墙纸

☆糖釉

☆球形工具和泡沫垫

☆杯状成型器

☆切模：2.7cm宽玫瑰花瓣（FMM）、卷叶组合（LC）、小号泪滴（LC）

☆裱花嘴：PME 3号

☆象牙白色蛋白糖霜

☆裱花袋

☆窄的奶油色丝带

制作步骤：

按照第90页的方法利用墙纸装饰好托板。给迷你蛋糕盖上糖膏，放置晾干。将蛋糕放在准备好的托板中央。将象牙白色的造型膏擀薄，并用卷叶和泪滴形切模切出形状。将切好的形状按照喜好贴在蛋糕上。按照第80页的方法制作一朵花，然后用少量蛋白糖霜把它贴到蛋糕顶部。像照片中那样围绕蛋糕的底部用蛋白糖霜裱一些圆点。

★精美刺绣

"压花"章节，第91页。

所需材料：

☆5cm迷你蛋糕

☆12.5cm硬纸板蛋糕托

☆糖膏：白色、淡灰色

☆造型膏：绿色

☆塑糖：灰色

☆压花器：涡卷组合1（FMM）、小号花朵压花印章（HP）

☆珠头针

☆糖艺冲压器

☆蛋白糖霜

☆可食用色膏：蓝色、粉色、棕色

☆裱花嘴：PME 1号

☆裱花袋

☆可食用银色珠光粉（SK）

☆糖釉

☆12.5cm亚克力圆板

☆设计图案或模板（见第162页）

☆窄的淡蓝色丝带

制作步骤：

按照第91页的方法给托板盖上白色糖膏并压好花。制作刺绣针，给糖艺冲压器装上中号的圆形冲压片，挤出一段灰色塑糖，然后将一端擀尖，用美工刀在另一端上切出针眼，将针眼稍微打开一点点。做好之后让它彻底干燥。将蛋糕顶部的边角切掉，以形成圆顶，侧面也修得略微倾斜。给蛋糕盖上淡灰色糖膏，用不同的压花器围绕底部周围压出不同的花纹。然后用珠头针的顶部给剩下的部分压上小凹点，放置晾干。将珠光粉和糖釉混合，涂在顶针和刺绣针上。用蛋白糖霜在托板上裱制一些短线。给糖艺冲压器装上小号圆形冲压片，用造型膏挤压出一条线。将线穿过针眼，放在托板上即可。

★桃花花瓣

"工具"章节，第95页。

所需材料：

☆5cm迷你蛋糕

☆糖膏：深桃红色

☆造型膏：深桃红色、带一丝桃红色的白色、海军蓝

☆球形工具和泡沫垫

☆蛋白糖霜

☆裱花嘴：PME 1号

☆裱花袋

☆切模：卷叶组合（LC）、扁平花朵组合2（LC）、花朵活塞切模（PME）、43mm五瓣花朵切模（PME）

制作步骤：

给迷你蛋糕盖好糖膏。用切模切出卷叶形状，然后用球形工具将它压成卷曲形，贴到蛋糕上。制作两朵杯状花（见第95页），按照照片所示贴在蛋糕上。给花朵贴上一个海军蓝色的花心，再点缀几朵杯状小花。最后按照喜好用蛋白糖霜裱上一些小点。

★ 可爱绒花

"工具"章节，第98页。

所需材料：

☆6cm迷你蛋糕

☆糖膏：象牙白

☆造型膏：深粉色、浅粉色、深绿色、灰绿色、橙色、棕色、象牙白

☆切模：康乃馨（FMM），裱花嘴PME2、4、18号，花朵活塞切模（PME），六瓣花朵切模（LC扁平花朵组合1）

☆糖艺冲压器

☆刻纹工具

制作步骤：

给迷你蛋糕盖好糖膏。将造型膏擀薄，切出花朵和圆形，然后按照照片所示贴在蛋糕上。用造型膏做一些小球，给其中一半的花朵充当花心。贴好后稍微压扁一些。给糖艺冲压器装上网状冲压片，挤出一些短簇。用刻纹工具将它们转移到一半花朵的花心周围以及另一半花朵的中央。

★ 旭日阳光

"工具"章节，第100页。

所需材料：

☆6cm迷你蛋糕

☆糖膏：白色

☆造型膏：紫色、橙色、黄色、深棕色、栗色、浅棕色、米黄色

☆美工刀

☆直尺

☆小号花朵模具（FI-FL107）

制作步骤：

给迷你蛋糕盖上白色糖膏，放置晾干。用造型膏按照第100页的方法装饰蛋糕。用模具和造型膏制作一个双色的花朵（见第116页），贴在蛋糕顶部。

★ 流金岁月

"工具"章节，第101页。

所需材料：

☆6cm迷你蛋糕

☆糖膏：紫色

☆造型膏：奶油色、金棕色

☆摩洛哥马赛克美工打孔机系列（Xcut）

☆糖胶

☆泡沫垫

制作步骤：

给迷你蛋糕盖好糖膏，放置晾干。按照第101页的方法用打孔机在造型膏上压出方形图案和精致繁复的形状。装饰蛋糕的顶部时，先将小方块放在泡沫垫上彻底干燥，然后贴在蛋糕顶部，最后加上一个紫色圆球。

★ 可爱蕾丝

"裱花"章节，第110页。

所需材料：
☆6cm迷你蛋糕
☆糖膏：紫色
☆造型膏：白色
☆裱花嘴：PME 1号
☆裱花袋
☆切模：卷叶组合（LC）、火焰组合（LC）、扁平花朵（LC）、印度涡卷（LC）、小号泪滴（LC）
☆超白色粉（SF）

制作步骤：
给迷你蛋糕盖上紫色糖膏，放置晾干。在擀薄的白色造型膏上切出一些形状，按照喜好贴在蛋糕上，各种形状之间要留出足够的位置来进行裱花。按照第110页的方法裱制蕾丝线，最后再用蛋白糖霜裱上一些小点。

★ 落叶知秋

"模具"章节，第118页。

所需材料：
☆5cm迷你蛋糕
☆糖膏：象牙白
☆造型膏或糖花膏：金棕色
☆塑糖：金棕色

☆切模：枫叶（OP）、草莓叶（GI）、玫瑰叶（FMM）、像树叶（LC）
☆叶子脉纹器：枫叶（GI）、野玫瑰叶（GI）、野芝麻叶（GI）、玫瑰叶（GI）
☆球形工具和泡沫垫
☆成型器或纸巾
☆秋天色调的可食用色粉
☆糖艺冲压器
☆复古金色可食用珠光粉（SK）
☆糖釉

制作步骤：
给迷你蛋糕盖上象牙白色的糖膏。给糖艺冲压器装上小号圆形冲压片，用塑糖挤出3个条形，制作出漩涡形状。将珠光粉和糖釉混合，待塑糖干燥之后给它涂上颜色。将两个漩涡插在蛋糕顶部，另一个贴在蛋糕侧面，如图片所示。按照第118页的方法制作一些叶子，并涂上颜色。在这些叶子半干时把它们贴到蛋糕上漩涡旁边。

★ 海滩风情

"模具"章节，第120页。

所需材料：
☆6cm迷你蛋糕
☆12.5cm硬纸板蛋糕托
☆糖膏：白色
☆造型膏：白色、黑色

☆几只贝壳
☆铸模胶
☆可食用色膏：数种贝壳色调
☆超白色粉（SF）
☆绵红糖
☆糖胶
☆海洋和水族顶饰（FMM）
☆切割轮刀（PME）
☆窄的金色丝带

制作步骤：
按照第120页的方法用模具制作一些贝壳。分别给迷你蛋糕和蛋糕托板盖上白色糖膏。将蛋糕放在托板上稍微偏离中心的位置，在托板和蛋糕顶部撒上一些绵红糖。将贝壳安置在托板和蛋糕上，用糖胶固定。用切割轮刀从擀薄的黑色造型膏上切出海藻，用FMM切模切出船锚。按照喜好将它们贴在蛋糕上。

小窍门
如果你的贝壳模具制作得不成功，把铸模胶融化掉重新制作模具即可。

★ 盛装打扮

"蛋糕珠宝"章节，第126页。

所需材料：
☆5cm迷你蛋糕
☆糖膏：带一丝粉色的白色
☆造型膏：深绿色、灰绿色、黄色、浅橙色、深橙色、浅蓝色、海军蓝

☆蓝色可食用色膏
☆糖艺冲压器
☆球形工具
☆美工刀
☆5cm圆形切模
☆糖釉

蛋糕珠宝：
丝线：
☆灰绿色金银线
珠子：
☆6mm橙色和绿色木珠
☆6mm蓝色奇幻珠
☆6mm绿色和淡橙色玻璃圆珠
☆金色和灰绿色洛可可珠
☆4mm黄铜色和火蛋白石施华洛世奇水晶珠

制作步骤：
给迷你蛋糕盖好糖膏。擀一块浅蓝色的糖膏，不要太薄，用球形工具画出漩涡图案，然后用切模切出一个圆形，贴在蛋糕的顶面和侧面。分别将其他造型膏放在间隔条中间擀薄，切出一些条形。将它们围绕着浅蓝色造型膏呈放射状贴在蛋糕上，用美工刀调整大小。将它们的边缘修整成不定型的曲线状。给糖艺冲压器装上小号圆形冲压片，挤压出两条海军蓝色的造型膏。将其中一条围绕在中央圆形周围，另一条围在条形的外边缘。用稀释好的色膏给蓝色圆形涂色（见第50页）。待干燥之后，将糖釉涂在圆形和条纹上，以增加闪亮质感。按照第126页的方法制作一个珠环，围绕在蛋糕底部。

★ 深海采珠

"蛋糕珠宝"章节，第129页。

所需材料：
☆6cm迷你蛋糕
☆12.5cm硬纸板蛋糕托
☆糖膏：海军蓝
☆造型膏：白色
☆世纪之交迷你团花形镂花模（DC-C334）
☆浅银色可食用珠光粉（SK）
☆白色植物油脂（起酥油）

☆切模：扁平花朵组合1（LC）、波斯花瓣组合1（LC）、裱花嘴PME 4号
☆裱花嘴：PME 1号
☆裱花袋
☆蛋白糖霜
☆窄的海军蓝色丝带

蛋糕珠宝：
丝线：
☆1.5mm蓝色铝线
☆0.3mm钻蓝色美工线
珠子：
☆8mm象牙白珍珠
☆6mmm蓝色奇幻珠
☆6mm透明施华洛世奇水晶珠

制作步骤：
分别给托板和蛋糕盖好糖膏，用银色珠光粉给托板镂印好图案，放置晾干。将白色的造型膏擀薄，切出1个扁平花朵形状和8个小的波斯花瓣，并用裱花嘴切出16个小圆形。将它们按照照片所示贴在蛋糕上。按照第129～131页的描述制作珠冠。将珠冠用蛋白糖霜贴在托板中央，然后小心地将蛋糕放到珠冠中间，并按照需要调整珠冠的线。

★ 粉红天堂

"蛋糕珠宝"章节，第130页。

所需材料：
☆6cm迷你蛋糕
☆12.5cm硬纸板蛋糕托
☆花束固定钉
☆糖膏：暗粉色、带一丝珊瑚色的白色
☆造型膏：深珊瑚色、珊瑚色、带一丝珊瑚色的白色、带一丝暗粉色的白色
☆切模：大号花朵（OP-F6C）、65mm五瓣玫瑰（FMM）、35mm五瓣花朵（PME）、15mm六瓣花朵（LC扁平花朵组合1）
☆裱花嘴：PME 1、17号
☆裱花袋
☆蛋白糖霜
☆杯状花朵成型器
☆糖胶
☆窄的粉色丝带

蛋糕珠宝所需材料：
丝线：
☆1.5mm牢固珠宝线
☆0.5mm和0.3mm暖银色美工线

珠子：

☆8mm象牙白珍珠

☆6mm哑光粉色玻璃珍珠

☆6mm粉色裂纹珠

☆亮粉色洛可可珠

制作步骤：

给托板和蛋糕盖好糖膏，放置晾干。将花束固定钉插到蛋糕中央。用切模在造型膏上切出所需的花朵形状。用17号裱花嘴在花朵中心切掉一个小圆，然后把它们放到杯状成型器中，直至半干。当花瓣能够保持形状时，将最大的那朵用糖胶贴到蛋糕上，花心和固定钉对齐。剩下的花朵也依次层叠上去。用0.5mm线串上珠子作为雄蕊，待珠宝胶干燥之后把它们插到固定钉里。按照第129~130页的描述用0.5mm美工线制作珠冠元素，再用0.3mm美工线将这些元素绑在基座上，做成珠冠。将珠冠用蛋白糖霜贴在托板中央，然后小心地将蛋糕放到珠冠中间，并按照需要调整珠冠的线。

★抽象理性

"蛋糕珠宝"章节，第130页。

所需材料：

☆5cm迷你蛋糕

☆糖膏：暗粉色

☆造型膏：深红色、梅红色、紫色、暗粉色、桃粉色

☆切模：火焰组合（LC）、卷叶组合（LC）、小号泪滴（LC）、玛格丽特雏菊（PME）、15mm六瓣花朵（LC扁平花朵组合1）、印度涡卷（LC）

☆裱花嘴：PME 17、18号

☆小号花束固定钉

蛋糕珠宝所需材料：

丝线：

☆0.5mm红色美工线

珠子：

☆6mm红色木珠

☆6mm粉色和紫水晶裂纹珠

☆紫色和红色洛可可珠

☆金色夹珠

制作步骤：

给蛋糕和托板盖好糖膏，放置晾干。将造型膏擀薄，用切模在造型膏上切出所需的花朵和叶子形状。参照图片将它们贴在蛋糕上。将花束固定钉插到蛋糕中央。切一个雏菊形状，用17号裱花嘴在雏菊中心切掉一个小圆。将它放到蛋糕顶部，花心和固定钉对齐。用18号裱花嘴切一个小圆，再用17号裱花嘴在它中间切掉一个小圆，将切好的环作为雏菊的花心，在蛋糕上贴好。按照第130页的方法将珠子用夹珠固定在0.5mm的线上。将线的两端扭在一起，插到固定钉里。按照需要调整线的形状。

★可爱圆点

"上色"章节，第43页。

所需材料：

☆装在粉色锡箔模中烘焙的纸杯蛋糕

☆糖膏：浅粉色、白色

☆造型膏：深粉色、白色

☆圆形面团切模，大小与纸杯蛋糕一样

☆花瓣切模或尖角椭圆形切模（LC）

☆裱花嘴：PME 4、18号

制作步骤：

按照第43页的方法给糖膏和造型膏添加圆点图案。在糖膏上切出一个和纸杯蛋糕相等的圆形，用圆点造型膏上切出的花瓣进行装饰。最后在中间放上一颗带有粉色和白色大理石花纹的小球。

★星际迷航

"涂绘"章节，第51页。

所需材料：

☆装在蓝色和绿色纸杯模中烘焙的纸杯蛋糕

☆糖膏：象牙白

☆太空压花组合（PC）

☆圆形面团切模，大小与纸杯蛋糕一样

☆球形工具

☆可食用色膏：蓝色、绿色、黄色、黑色

制作步骤：
在擀好的糖膏上压好图案，然后切出和纸杯蛋糕相等的圆形。用球形工具在外星人的脚部周围压出小凹点。按照第51页的说明给图案上色。

★大漠日出

"涂绘"章节，第52页。

所需材料：
☆装在棕色纸杯模中烘焙的纸杯蛋糕
☆糖膏：白色
☆几种颜色的可食用色膏
☆木钉
☆圆形面团切模，大小与纸杯蛋糕一样

制作步骤：
将白色糖膏擀平，用木钉在糖膏上印出圆点。然后用一个大小合适的圆形面团切模，切出适合纸杯蛋糕顶面的圆形。

★拼接印花

"涂绘"章节，第52页。

所需材料：
☆装在棕色纸杯模中烘焙的纸杯蛋糕
☆糖膏：象牙白、橙色、红色
☆几种颜色的可食用色粉
☆压花器：花朵组合1（FMM）、杆式压花器组合9和17（HP）
☆方形切模（FMM几何形状组合）
☆圆形面团切模，大小与纸杯蛋糕一样

制作步骤：
将糖膏擀成均匀的厚度，最好使用间隔条，然后用可食用色粉进行压花。围绕每个压花图案切一个方形，在案板上拼好，然后用圆形切模切出适合纸杯蛋糕顶部的圆形。小心地将每个方形贴到纸杯蛋糕上。

★点石成金

"涂绘"章节，第55页

所需材料：
☆装在紫色纸杯模中烘焙的纸杯蛋糕
☆糖膏：金棕色［用秋叶色（SF）和白色调配］
☆漩涡切模（PC）
☆圆形面团切模，大小与纸杯蛋糕一样
☆可食用金色珠光粉（SK）
☆透明的酒（例如杜松子酒或伏特加）

制作步骤：
将金棕色糖膏擀平，然后用漩涡切模压出花纹。用一个大小合适的圆形面团切模切出适合纸杯蛋糕顶面的圆形，小心地将它贴到纸杯蛋糕上。将一些可食用珠光粉和透明的酒混合，按照第55页的方法涂在纸杯蛋糕上。

★爱心满满

"镂印"章节，第60页。

所需材料：
☆装在紫色纸杯模中烘焙的纸杯蛋糕
☆糖膏：白色
☆可食用色粉：玫瑰色、超白色（SF）
☆假日饼干顶部镂花模（DS）
☆圆形面团切模，大小与纸杯蛋糕一样

制作步骤：
将两种哑光色粉混合，调配成淡粉色。按照第60页的方法在白色糖膏上镂印好图案，然后贴到纸杯蛋糕上。

★ 多彩牡丹

"镂印"章节，第60页。

所需材料：
☆装在紫色纸杯模中烘焙的纸杯蛋糕
☆糖膏：白色
☆可食用色粉：粉色、紫色、绿色、白色
☆牡丹蛋糕顶部镂花模（LC）
☆圆形面团切模，大小与纸杯蛋糕一样

制作步骤：
按照第60页的方法用不同颜色的色粉在白色糖膏上镂印好图案，然后贴在纸杯蛋糕上。

★ 奢华下午茶

"镂印"章节，第62页。

所需材料：
☆装在黑底银花金属质感的纸杯模中烘焙的纸杯蛋糕

☆糖膏：带一丝粉色的红色
☆蛋白糖霜
☆超白色粉（SF）
☆温特图尔心形镂花模组合（DS）
☆圆形面团切模，大小与纸杯蛋糕一样

制作步骤：
按照第62页的方法用加入了超白色粉的蛋白糖霜在糖膏上镂印好图案，然后贴在纸杯蛋糕上。

★ 日本风情

"镂印"章节，第65页。

所需材料：
☆装在深粉色纸杯模中烘焙的纸杯蛋糕
☆糖膏：带一丝红色的粉色
☆蛋白糖霜：白色（用超白色粉进行增白，SF）、深粉色、粉色
☆日式花朵和涡卷图案镂花模（LC）
☆圆形面团切模，大小与纸杯蛋糕一样

制作步骤：
按照第65页的方法用不同颜色的蛋白糖霜在粉色糖膏上镂印好图案，切成大小合适的圆形，然后贴在纸杯蛋糕上。

★ 美味图腾

"镂印"章节，第67页。

所需材料：
☆装在深粉色纸杯模中烘焙的纸杯蛋糕
☆糖膏：紫色
☆白色植物油脂（起酥油）

☆自制镂花模
☆可食用珠光粉
☆圆形面团切模，大小与纸杯蛋糕一样

制作步骤：
按照第59页的方法用可食用珠光粉将你自己制作的镂印图案印在紫色糖膏上（关于自己制作镂花模的方法见第67页）。为了增加趣味，可以在图案周围增加压花。将糖膏切成圆形，然后贴在纸杯蛋糕上。

小窍门
在使用镂花模之后，小心地将它们冲洗干净，然后用纸巾拍打着将水吸干。

★ 这就是爱

"镂印"章节，第71页。

所需材料：
☆装在银箔模中烘焙的纸杯蛋糕
☆糖膏：黑色
☆造型膏：粉色、浅蓝色、橙色、白色

☆切模：心形（LC卡片套装组合），小号艺术星形（LC），裱花嘴PME3、16、17号
☆圆形面团切模，大小与纸杯蛋糕一样

制作步骤：
在纸杯蛋糕顶部盖上黑色糖膏。用粉色糖膏制作出大理石花纹（见第42页），擀薄，然后切出心形。用橙色和蓝色造型膏制作出大理石花纹，擀薄之后切出星形。将白色、橙色和蓝色造型膏分别擀薄，用裱花嘴切出圆形。将切好的形状按照自己的喜好贴在纸杯蛋糕上。

★ 东方快车
"切模"章节，第73页。

所需材料：
☆装在黑色纸杯模中烘焙的纸杯蛋糕
☆糖膏：白色
☆造型膏：黑色、深粉色、橙色、红色、珊瑚粉
☆切模：24mm圆形（FMM几何形状组合）、五瓣花朵组合（PME）
☆球形工具和泡沫垫
☆圆形面团切模，大小与纸杯蛋糕一样

制作步骤：
将白色糖膏擀成5mm厚，最好使用间隔条，然后将各种颜色的造型膏擀薄。按照第73页所示用24mm的圆形切模切出所需的形状。将这些形状放到擀好的糖膏表面，用大小合适的面团切模切出一个适合纸杯蛋糕顶面的圆形。用五瓣花朵切模组合按照第95页的方法制作三朵杯状花，将

它们层叠在蛋糕上。最后在花朵的中央加上一个造型膏制作的小圆球。

★ 圈圈圆圆
"糖花"章节，第74页。

所需材料：
☆装在粉色纸杯模中烘焙的纸杯蛋糕
☆糖膏：白色
☆造型膏：海军蓝、深粉色、粉色、白色、橙色、淡黄色
☆圆形切模（FMM几何形状组合）
☆裱花嘴：PME 4、16、18号
☆圆形面团切模，大小与纸杯蛋糕一样

制作步骤：
给纸杯蛋糕盖上白色糖膏，然后按照第74页的详细步骤制作内嵌图案。

小窍门
在案板上抹上少量白色植物油脂（起酥油），可防止糖膏粘在案板上。

★ 温柔玫瑰
"糖花"章节，第78页。

所需材料：
☆装在深粉色纸杯模中烘焙的纸杯蛋糕
☆糖膏：象牙白
☆造型膏：浅粉色、深粉色、紫色
☆带纹理的擀面杖：亚麻纹（HP）、小号水印塔夫绸（HP）
☆切模：1.5cm圆形、玛格丽特雏菊（PME）
☆圆形面团切模，大小与纸杯蛋糕一样

制作步骤：
将糖膏擀好，然后用带亚麻纹的擀面杖在上面压出花纹（见第88页）。用大小合适的面团切模切出一个圆形，贴在纸杯蛋糕上。将造型膏擀薄，然后用水印塔夫绸纹理擀面杖压出花纹，用来切出花朵形状和制作布艺花（见第78~79页）。

★ 漂亮小花
"糖花"章节，第79页。

所需材料：
☆装在花朵纸杯模中烘焙的纸杯蛋糕
☆糖膏：粉色
☆造型膏：深粉色、紫色、水蓝色
☆皇冠压花器组合（PC）
☆中号椭圆切模组合2（LC）
☆圆形面团切模，大小与纸杯蛋糕一样

制作步骤：
用皇冠组合中的奇特涡卷和心形压花器在擀好的粉色糖膏上压花（见第87页）。用大小合适的面团切模切出一个圆形，贴在纸杯蛋糕上。用造型膏制作几朵布艺小花（见第79页），按照个人喜好装点在纸杯蛋糕上。

★ 粉色大丽花

"糖花"章节，第79页。

所需材料：
☆装在紫色纸杯模中烘焙的纸杯蛋糕
☆糖膏：白色
☆造型膏：粉色
☆花朵压花器（PC纸杯蛋糕组合）
☆24mm圆形切模（FMM几何形状组合）
☆车线工具（PME）
☆圆形面团切模，大小与纸杯蛋糕一样

制作步骤：
将糖膏擀成5mm厚，最好使用间隔条，然后用花朵压花器进行压花（见第87页）。用大小合适的面团切模切出一个圆形，贴在纸杯蛋糕上。将造型膏擀薄，按照第79页的方法制作一朵布艺大丽花，装点在纸杯蛋糕上。

★ 繁花似锦

"压花"章节，第87页。

所需材料：
☆装在棕色纸杯模中烘焙的纸杯蛋糕
☆糖膏：橙色、象牙白
☆造型膏：橄榄绿、淡橄榄绿、淡橙色、淡粉色、淡蓝色
☆压花器：野玫瑰（PC）、花朵和叶子（PC）
☆可食用色膏：深橙色、橙色、暗粉色、橄榄绿、绿色、蓝色
☆圆形面团切模，大小与纸杯蛋糕一样

制作步骤：
第87页提供了制作这些纸杯蛋糕的详细步骤。

★ 奶油咖啡

"工具"章节，第99页。

所需材料：
☆装在棕色纸杯模中烘焙的纸杯蛋糕
☆糖膏：浅棕色
☆造型膏：金棕色
☆紫色蛋白糖霜
☆可调尺寸的条形切割器（FMM）
☆纸巾
☆19.5cm法国团花镂花模（DS–C144）
☆圆形面团切模，大小与纸杯蛋糕一样

制作步骤：
用紫色的蛋白糖霜在糖膏上镂印好图案（见第62页）。用大小合适的面团切模切出一个圆形，贴在纸杯蛋糕上。将造型膏放在间隔条中间擀平，用可调尺寸的条形切割器切出条状。将小条捏成环，待半干之后组合在一起，装饰在纸杯蛋糕上。用扭成小条的纸巾来帮助造型膏小条的环保持形状，直至完全干燥。

★ 玫瑰漩涡

"裱花"章节，第105页。

所需材料：
☆装在棕底金花金属质感的纸杯模中烘焙的纸杯蛋糕
☆奶油
☆橙色可食用色膏
☆裱花嘴：W–2D
☆大号裱花袋

制作步骤：
用两种颜色的奶油按照第105页的方法进行裱花。

★ 奶油尖顶

"裱花"章节，第106页。

所需材料：
☆装在黑色纸杯模中烘焙的纸杯蛋糕
☆奶油
☆裱花嘴：W-1E
☆大号裱花袋
☆造型膏：红色、橙色
☆塑糖：红色
☆硅胶雏菊模具（FI-FL288）
☆糖艺冲压器
☆绳形裱花嘴：PME 42号

制作步骤：
给糖艺冲压器装上绳索形冲压片，挤压出一条塑糖。按照自己的喜好整好形状，然后放置晾干。按照第106页的方法在纸杯蛋糕上裱出奶油尖顶。将塑糖和用模具制作的一朵两色花朵一起放到奶油顶部。

★ 金菊秋思

"裱花"章节，第107页。

所需材料：
☆装在粉底金花金属质感的纸杯模中烘焙的纸杯蛋糕
☆奶油
☆裱花嘴：PME 叶片形或花瓣形
☆大号裱花袋
☆糖膏：粉色

制作步骤：
按照第107页的方法用奶油裱花，然后在顶部放上一个粉色糖膏制作的小圆球。

★ 复古玫瑰

"裱花"章节，第108页。

所需材料：
☆装在蓝底银花金属质感纸杯模中烘焙的纸杯蛋糕
☆小张方形的玻璃纸或蜡纸
☆裱花钉
☆奶油
☆裱花嘴：W-103
☆大号裱花袋
☆粉色可食用色膏

制作步骤：
用粉色可食用糖膏给奶油调色。按照第108页的方法用奶油裱出玫瑰花。在裱好的花干透之后，将它转移到纸杯蛋糕上。

★ 红花绿叶

"模具"章节，第115页。

所需材料：
☆装在花朵纸杯模中烘焙的纸杯蛋糕
☆奶油
☆裱花嘴：W-1B
☆大号裱花袋
☆玫瑰模具（FI-FL248）
☆玫瑰叶切模（FMM）
☆玫瑰叶脉纹器（GI）
☆可食用色粉：深红色、几种绿色

制作步骤：
按照第115页和第118页的方法制作一些玫瑰和叶子。按照第118页所示在玫瑰和叶子上涂一些色粉，以增加花朵的深度，使叶子看起来更逼真。在纸杯蛋糕上用奶油裱制一个漩涡形（见第105页），然后在上面放上一朵玫瑰和两片叶子。

★ 华美假面

"模具"章节，第117页。

所需材料:

☆装在紫色纸杯模中烘焙的纸杯蛋糕

☆裱花嘴: W-2D

☆奶油

☆大号裱花袋

☆威尼斯假面模具（GI）

☆造型膏: 白色、水蓝色、紫色

☆可食用色膏

☆可食用金色珠光粉（SK）

制作步骤:

按照第117页的方法用威尼斯假面模具制作好面具形状。用可食用色膏和珠光粉给面具上色。用奶油在纸杯蛋糕上裱一个漩涡形状。将少量紫色和水蓝色造型膏擀成很薄的片，其中一头折成褶皱状。将两种颜色各放一个在蛋糕上，褶皱的一头放在中间，形成扇形。最后将面具贴到中间。

★ 茶与蛋糕

"模具"章节，第121页。

所需材料:

☆装在深粉色纸杯模中烘焙的纸杯蛋糕

☆调整好大小的图案

☆无毒造型黏土

☆临摹纸和笔

☆球形工具

☆刻纹工具

☆小号玫瑰切模（PC玫瑰和木兰花组合）

☆铸模胶

☆糖膏: 奶油色

☆DIY蕾丝模

☆造型膏: 白色

☆几种颜色的可食用色膏

☆可食用铜色珠光粉

☆圆形面团切模，大小与纸杯蛋糕一样

制作步骤:

用一个DIY的蕾丝模给奶油色的糖膏表面压花（见第119页）。用合适大小的面团切模切出一个适合纸杯蛋糕顶面的圆形。按照第121页的方法制作一个模具，用它来制作白色造型膏茶壶。按照喜好用可食用色膏和铜色珠光粉给茶壶上好色，然后贴在蛋糕上。

★ 蝴蝶扣手袋

"上色"章节，第42页。

所需材料:

☆手袋饼干和切模（LC）

☆糖膏: 几种蓝色

☆造型膏: 几种粉色、白色

☆切模: 3.6cm圆形、王蝶（LC）、小号优雅心形（LC）、小号佩斯利（LC）

☆裱花嘴: PME 0、1、3、4、16、18号

☆蛋白糖霜

☆裱花袋

制作步骤:

给饼干盖上带有大理石花纹的蓝色糖膏（见第42页）。在上面切掉一个圆形，以形成提手状。用带大理石花纹的粉色造型膏切出一个蝴蝶、两个星形和两个佩斯利涡纹形状。再用裱花嘴从白色糖膏上切出一些圆形。用最小号的裱花嘴在白色的小圆上切出两个小洞，使它们看起来更像纽扣。将蝴蝶的身体部分切掉，用纽扣替代，在饼干上把所有形状都贴好。最后用1号裱花嘴裱出一些蛋白糖霜的小点。

★ 千花水杯

"上色"章节，第45页。

所需材料:

☆水杯饼干和切模（LC）

☆糖膏: 白色

☆造型膏: 绿色、灰绿色、白色、深粉色、浅粉色

☆糖艺冲压器

☆美工刀

☆切模: 五瓣花朵切模（PME）、裱花嘴PME 18号

制作步骤:

将白色糖膏擀平，切出水杯形。将水杯的手柄处切掉，顶部也切掉一个两头尖的扁椭圆形，然后贴在饼干上。制作水杯的手柄，在擀薄的白色造型膏上切出水杯形，然后用美工刀沿着距离外沿几毫米的地方切出手柄形状。切好后贴在饼干上。水杯顶部的内边也这样切出来贴好。给糖艺冲压器装上小号圆形冲压片，用粉色造型膏挤压出一条杯口的饰边。按照第45页的方法制作千花图案的造型膏，然后用五瓣花朵切模切出形状并贴在饼干上。用裱花嘴从擀薄的粉色造型膏上切一个圆形当做花心并贴好。

小窍门

不要在饼干上使用低卡路里的抹酱，可以使用无盐（甜）黄油。

★ 雪花袜子

"涂绘"章节，第49页。

所需材料：

☆ 圣诞袜饼干和切模（LC）

☆ 糖膏：蓝色、白色

☆ 可食用色膏：几种蓝色

☆ 雪花压花器（PC）

☆ 蛋白糖霜

☆ 装有连接器的裱花袋

☆ 裱花嘴：PME 1、2号

制作步骤：

将蓝色糖膏擀平，用雪花压花器压好图案（见第87页）。切出袜子形状，并将袜子的顶部切掉，贴在饼干上，放置晾干。按照第49页的方法用稀释好的蓝色可食用色膏给袜子上色。切一个袜子顶部形状的白色糖膏，在饼干上贴好，然后用蛋白糖霜在上面裱制大小不同的点。

★ 小粉猪

"涂绘"章节，第49页。

所需材料：

☆ 小猪饼干和切模

☆ 糖膏：桃粉色

☆ 粉色可食用色膏

☆ 超白色粉（SF）

☆ 天然海绵

☆ 刻纹工具

制作步骤：

从桃粉色糖膏上切出小猪形状，然后贴到小猪饼干上。用刻纹工具刻出小猪的腿部、鼻子、耳朵和眼睛，再给小猪加上一条卷尾巴。等糖膏干透后用第49页的方法用海绵上色。

★ 每天一个苹果

"涂绘"章节，第50页。

所需材料：

☆ 苹果饼干和切模

☆ 糖膏：绿色、棕色

☆ 造型膏：绿色

☆ 玫瑰叶切模（FMM）

☆ 玫瑰叶脉纹器（GI）

☆ 刻纹工具

☆ 可食用色膏：几种绿色、红色

☆ 超白色粉（SF）

制作步骤：

从绿色糖膏上切出苹果形状，去掉柄、叶子和蒂，然后贴在饼干上。用棕色的糖膏制作一个柄。将小球形的棕色糖膏作为苹果蒂，并用刻纹工具的尖端划出纹理。切一个叶子形状，并压出脉纹（见第118页）。最后按照第50页的方法给苹果涂色。

★ 恨天高

"涂绘"章节，第50页。

所需材料：

☆ 高跟鞋饼干和切模（LC）

☆ 糖膏：白色

☆ 造型膏：黑色

☆ 蕾丝

☆ 切割轮刀（PME）

☆ 美工刀

☆ 黑色可食用色膏

☆ 透明的酒（如杜松子酒或伏特加）

☆ 纸巾

制作步骤：

将白色糖膏擀平，并用蕾丝压出花纹（见第90页）。切出鞋子形状，然后贴在饼干上。用切割轮刀划出鞋跟和鞋面之间的线条。用美工刀将鞋跟的底部切掉一小块，并将鞋子的底面切掉一条细线，这个区域将成为鞋子的衬底。按照第50页的方法上色，然后用黑色的造型膏替代切掉的部分。

★ 美味香槟

"涂绘"章节，第55页。

所需材料：

☆香槟瓶饼干和切模（LC）

☆糖膏：绿色、金棕色

☆造型膏：白色

☆刻纹工具

☆压花器：涡卷（FMM）、幼苗组合12
　（HP）

☆可食用笔

☆可食用金箔

☆可食用金色珠光粉（SK）

☆透明的酒（例如杜松子酒或伏特加）

制作步骤：

给酒瓶身盖上绿色糖膏，瓶口盖上金棕色糖膏。用刻纹工具划出木塞的形状。按照第55页的方法在瓶口处贴上金箔。从擀薄的造型膏上切出酒标形状，并按照喜好进行压花。将酒标在饼干上贴好，然后用可食用墨水笔画上细节，并用透明的酒稀释好可食用珠光粉，涂在酒标上，以增加亮点。

★ 甜蜜漩涡

"镂印"章节，第59页。

所需材料：

☆心形饼干和切模（W心形套装）

☆糖膏：粉色

☆雪花光泽可食用珠光粉（SK）

☆情人节心形饼干顶部镂花组合（DS）

☆白色植物油脂（起酥油）

制作步骤：

按照第59页的方法用珠光色粉在粉色糖膏上镂印好，然后贴在饼干上。

★ 歪斜婚礼蛋糕饼

"镂印"章节，第61页。

所需材料：

☆歪斜婚礼蛋糕饼干和切模（LC）

☆糖膏：深紫色、紫红色、紫丁香色

☆蛋白糖霜：紫丁香色、淡粉色、紫色

☆镂花模：温特图尔心形组合（DS）、
　中式花朵圆形（LC）

制作步骤：

按照第61页的方法用不同颜色的糖膏和蛋白糖霜镂印好各层的图案，然后贴到饼干上。

★ 名牌泳衣

"镂印"章节，第66页。

所需材料：

☆泳衣饼干和切模（LC）

☆糖膏：黑色、红色

☆造型膏：红色、粉色、黑色

☆粉色蛋白糖霜

☆花朵涡卷镂花模（DS）

☆玛格丽特雏菊切模（PME）

☆裱花嘴：PME 16、17号

制作步骤：

用粉色蛋白糖霜在黑色糖膏上镂印好花纹（见第61页），然后贴在饼干上。将一个球形的糖膏切成两半，贴在泳衣的胸部位置。从红色造型膏上切出泳衣的上部分形状，在饼干上贴好。最后按照第66页所示用切出的雏菊形状装饰泳衣。

★ 欢乐加层

"镂印"章节，第66页。

所需材料：

☆婚礼蛋糕饼干和切模（LC）

☆糖膏：略带红色的粉色、白色

☆蛋白糖霜

☆超白色粉（SF）

☆卡片或蜡纸

☆美工刀

☆纸张打孔机

☆可食用色粉

制作步骤：

用卡片或蜡纸自己制作镂花模（见第66页）。用添加了超白色粉的蛋白糖霜和可食用色粉将你的图案镂印到糖膏上，然后贴在饼干上。

★ 俏皮人字拖

"镂印"章节，第67页。

所需材料：

☆人字拖饼干和切模（LC）

☆糖膏：深粉色

☆造型膏：紫色、白色、浅粉色

☆希腊重复花纹镂花模（LC）

☆迷你花朵模具（FI–FL107）

制作步骤：

按照第67页的方法在深粉色糖膏上压好花纹，盖在饼干上。从紫色造型膏上切出1cm宽的带形，然后将带子的一端切成45°。将斜切的一端贴在鞋子中间的边缘位置，将带子的另一端朝鞋心方向扭转180°，止于脚趾中间的位置，切掉多余的糖膏。第二条带子也如法炮制。最后贴上一朵用模具制作的两色造型膏小花，以盖住两条带子的接合处。

★ 婚礼马甲

"镂印"章节，第87页。

所需材料：

☆马甲饼干和切模（LC）

☆糖膏：金棕色

☆造型膏：白色、象牙白

☆刻纹工具

☆切割轮刀（PME）

☆美工刀

☆叶子压花器（HP春意组合9）

☆裱花嘴：PME 4号

制作步骤：

将白色造型膏擀薄，切出一个三角形，用作衬衣的正面。将三角形贴在蛋糕上，再增加两个更厚一些的小三角形，作衬衣的领子。从象牙白色的糖膏上切一个钻石形，当作领带贴在饼干上。再贴上一个小球，作为领结。用刻纹工具划出合适的纹理。将糖膏擀成5mm厚，最好使用间隔条，然后用叶子压花器压出图案。用饼干切模切出马甲形状，并在顶部切掉一个三角形，然后贴到饼干上。最后用切割轮刀和裱花嘴制作出马甲的开口和纽扣的细节。

★ 婚礼花饼

"镂印"章节，第88页。

所需材料：

☆婚礼蛋糕饼干和切模（LC）

☆糖膏：三种色调的粉色

☆扁平花朵切模组合2（LC）

☆雏菊中心印章（JEM）

☆刻纹工具

制作步骤：

将各种颜色的糖膏都擀成5mm厚，最好使用间隔条，然后用扁平化朵切模压出花朵图案（见第88页）。切出蛋糕形状，将各层切开。然后贴在饼干上，不同的层使用不同的颜色。用雏菊中心印章给每朵小花压出花心，然后用刻纹工具的窄端给花瓣压出凹纹。

★ 漂亮雨靴

"镂印"章节，第89页。

所需材料：

☆双雨靴饼干和雨靴切模（LC）

☆糖膏：象牙白、粉色、绿色

☆压花器：玫瑰和木兰花组合（PC）、野玫瑰（用于叶子）（PC）

☆切割轮刀（PME）

☆刻纹工具

☆小号椭圆切模（LC组合1）

☆可食用色膏：粉色、绿色

制作步骤：

通过将一个完整的雨靴形状和一个部分雨靴形状邻接在一起，制作一个双雨靴饼干，烘烤后它们会融合在一起。先给后面的那只雨靴盖上比5mm稍薄的糖膏，并压好图案和线条。用玫瑰压花器增加花朵图案（见第87页），用切割轮刀切出线条，然后再盖上前面那只雨靴的糖膏并进行压花。当然，也可以用其他颜色的糖膏制作鞋顶、鞋跟和鞋底，用小号椭圆切模切出侧扣的形状，并用刻纹工具在鞋底上压上花纹。用稀释好的可食用色膏给压花图案上色。

★ 定制美鞋

"镂印"章节，第89页。

所需材料：

☆厚底高跟鞋饼干和切模（LC）

☆糖膏：黑色、暗紫红色

☆扁平花朵切模组合1（LC）

☆刺绣压花器（PC）

☆切割轮刀（PME）

☆球形工具

制作步骤：

将两种颜色的糖膏擀平，用饼干切模从上面分别切出一个鞋子形状。参照图片，从粉色糖膏上切出鞋子的上部，贴到饼干上。用切模给糖膏压花（见第88页），然后用球形工具在每个花瓣上压一个凹点（见第89页）。在鞋的防水台处贴上一条黑色糖膏，接着一条压花的粉色糖膏，然后再是一条黑色糖膏。最后贴上黑色鞋跟和鞋底的足弓部分。

小窍门

在图案上进行涂绘时，等粉色花朵完全干透之后再涂绿叶。

★ 事事甜蜜

"镂印"章节，第89页。

所需材料：

☆靠垫饼干和切模（LC）

☆糖膏：白色

☆造型膏：淡粉色、淡绿色

☆香水月季压花器（PC）

☆裱花嘴：PME 4、16、17、18号

☆可食用色膏：粉色、绿色、黑色

制作步骤：

给饼干盖上白色糖膏，用裱花嘴压出一排排的圆形图案（见第89页）。将淡粉色和淡绿色造型膏擀成很薄，压出和切出月季和叶子形状（见第87页）。用稀释好的可食用色膏给圆形和月季涂色。

★ 迷人礼服

"镂印"章节，第94页。

所需材料：

☆贴身礼服裙饼干和切模（LC）

☆糖膏：桃粉色

☆造型膏：象牙白

☆刻纹工具

☆摩洛哥马赛克美工打孔机系列（Xcut）

制作步骤：

用糖膏擀成一个小球形，对半切开，放在礼服裙的胸部位置。将粉色糖膏擀平，切出裙子形状。将裙子的顶部切掉，形成露肩的样子。将糖膏贴到饼干上，胸部位置整理平滑。用手指摩擦糖膏，使裙子更加生动。再从糖膏上切一个裙子形状，并切出褶皱的部分。将两个褶皱部分贴到饼干上，用刻纹工具刻出纹理（见第94页）。用打孔机和造型膏制作一条腰带（见第101页），贴在裙子上。

★ 热辣高跟鞋

"工具"章节，第97页。

所需材料：

☆厚底高跟鞋饼干和切模（LC）

☆糖膏：粉色

☆造型膏：粉色

☆切割轮刀（PME）

☆美工刀

☆刻纹工具

☆糖艺冲压器

制作步骤：

将粉色糖膏擀平，切出鞋子形状。将鞋跟、鞋底和绑带分别切开，然后按照图片所示贴在饼干上。用切割轮刀切出鞋跟底部和鞋底的形状（见第89页）。用刻纹工具的尖端刻出洞眼。给糖艺冲压器装上小号圆形冲压片，挤压出一条粉色的造型膏（见第97页）。将一条造型膏贴在鞋底处，在洞眼处连上小段的造型膏，最后一个洞眼上贴上一个蝴蝶结，如图所示。

★ 茶时小点

"工具"章节，第98页。

所需材料：
☆茶壶饼干和切模（LC）
☆糖膏：象牙白
☆造型膏：深粉色、浅粉色、深绿色、
　灰绿色、橙色、棕色、象牙白
☆裱花嘴：PME 18号
☆糖艺冲压器
☆切割轮刀（PME）

制作步骤：
将糖膏擀成5mm厚，最好使用间隔条，然后切出茶壶形状。切掉手柄区域和壶底部分，然后贴到饼干上。用切割轮刀切出壶嘴和壶身的连接处（见第89页）。接着制作手柄，擀一条香肠状的糖膏，按照图片所示贴在饼干上。给糖艺冲压器装上绳索形冲压片，用粉色造型膏挤压出一条绳索（见第98页）。将绳索切成两半，一半贴在茶壶的底部，另一半贴在靠近顶部的位置，作为壶盖的边缘。切掉多余的绳索。从擀薄的造型膏上用裱花嘴切出波尔卡圆点（见第71页），装饰在茶壶上。最后，在茶壶的顶部贴上一个粉色造型膏制作的小球。

★ 优雅低跟

"工具"章节，第99页。

所需材料：
☆低跟鞋饼干和切模（LC）
☆糖膏：紫色、浅棕色
☆造型膏：紫色、深棕色
☆切割轮刀（PME）
☆美工刀

制作步骤：
将浅棕色的糖膏擀平，切出鞋子形状。将鞋跟切掉，然后贴到饼干上。将深棕色的造型膏擀平，用切割轮刀切出自由形状的斑马纹。将斑马纹贴到鞋子上。用饼干切模和切割轮刀从紫色的糖膏上切出鞋跟，贴在饼干上。在鞋跟底部贴上一条深棕色造型膏。从深棕色造型膏上切出一个细长条，作为鞋底贴在饼干上。用一条紫色的造型膏给鞋面作饰边。最后用一个紫色小环和一个压扁的小球作为蝴蝶结装饰在鞋面上。

★ 装饰小点

"裱花"章节，第109页。

所需材料：
☆心形和婴儿车饼干和切模（LC）
☆糖膏：蓝色、浅蓝色、粉色、肉色
☆造型膏：粉色、深棕色
☆裱花嘴：PME 1、1.5、2号
☆花朵镂花模（DS–C559）
☆切模：一套圆形面团切模、玛格丽特
　雏菊（PME）
☆蛋白糖霜
☆超白色粉（SF）
☆蓝色可食用色膏
☆裱花袋和连接器

制作步骤：
用花朵镂花模在新鲜擀制好的糖膏上压花，用蛋白糖霜镂印好图案（见第61页）。切出心形和婴儿车的部分形状，贴在饼干上。用切模切出形状，给婴儿车加上蓝色的轮子和手柄。在每个轮子上压上一个稍小一些的圆圈。在肉色糖膏上切出一个圆形，作为婴儿的头部，然后用裱花嘴较大的一头压出嘴巴形状，用取食签（牙签）压出眼睛。用棕色的造型膏制作一小撮头发。在粉色的造型膏上切出花朵形状，作为车轮的轮辐。最后按照第109页的方法用蛋白糖霜裱上一些小点。

★ 婴儿袜

"裱花"章节，第110页。

所需材料：
☆婴儿袜饼干和切模（LC）
☆糖膏：粉色
☆造型膏：深粉色
☆抹刀
☆车线工具（PME）
☆小号心形活塞切模（PME）
☆蛋白糖霜
☆裱花嘴：PME 1号
☆裱花袋
☆超白色粉（SF）

制作步骤：

从粉色糖膏上切出袜子形状。将袜子的顶部切下来，然后用抹刀切出竖条纹。将袜子的两部分都贴到蛋糕上，然后用车线工具划出袜子的脚趾和后跟部分。用深粉色造型膏上切下来的心形装饰袜子。最后按照第109～110页的方法用增白的蛋白裱上心形和小点。

★ 素雅小杯

"裱花"章节，第111页。

所需材料：

☆水杯饼干和切模（LC）
☆糖膏：黑色、白色
☆新艺术风格郁金香压花器（PC）
☆美工刀
☆蛋白糖霜
☆裱花嘴：PME 2号
☆裱花袋
☆超白色粉（SF）
☆黑色可食用色膏

制作步骤：

按照第111页的步骤用黑色和白色糖膏以及蛋白糖霜来装饰这些饼干。

★ 花朵人字拖

"模具"章节，第116页。

所需材料：

☆人字拖饼干和切模（LC）
☆糖膏：水蓝色
☆造型膏：翠绿色、白色、黄色
☆雏菊花环压花器（PC）
☆雏菊模具组合（FI-FL288）
☆可调尺寸条形切割器（FMM）

制作步骤：

按照第87页的方法在糖膏上压出雏菊花环图案。用饼干切模从糖膏上切出人字拖的形状，贴在饼干上。从翠绿色造型膏上切出1cm宽的带形，然后将带子的一端切成45°。将斜切的一端贴在鞋子中间的边缘位置，将带子的另一端朝鞋心方向扭转180°，止于脚趾中间的位置，切掉多余的糖膏。第二条带子也如法炮制。最后按照第116页的方法用模具制作一朵两色雏菊，贴在两条带子的接合处。

★ 圣诞爆竹

"模具"章节，第119页。

所需材料：

☆爆竹饼干和切模（LC）
☆塑糖
☆蕾丝或带纹理的墙纸
☆糖膏：紫色、金棕色
☆造型膏：红色、紫色
☆切割轮刀（PME）
☆刻纹工具
☆小号花朵模具（FI-FL127）
☆可食用色膏或色粉

制作步骤：

按照第119页的方法制作塑糖模，用来给糖膏压花。用饼干切模从糖膏上切出爆竹形状，然后贴在饼干上。用切割轮刀和刻纹工具在爆竹系带的地方划出线条（见第89页）。在系带处贴上一条红色的造型膏，并制作出爆竹中间的丝带装饰。在中间贴上一朵用模具制作的两色小花（见第116页）。按照个人喜好用可食用色膏或色粉给压花图案增加亮点。

小窍门

想要获得闪亮的金属光泽，可以将可食用珠光色粉和糖釉混合，用作涂料。

模板

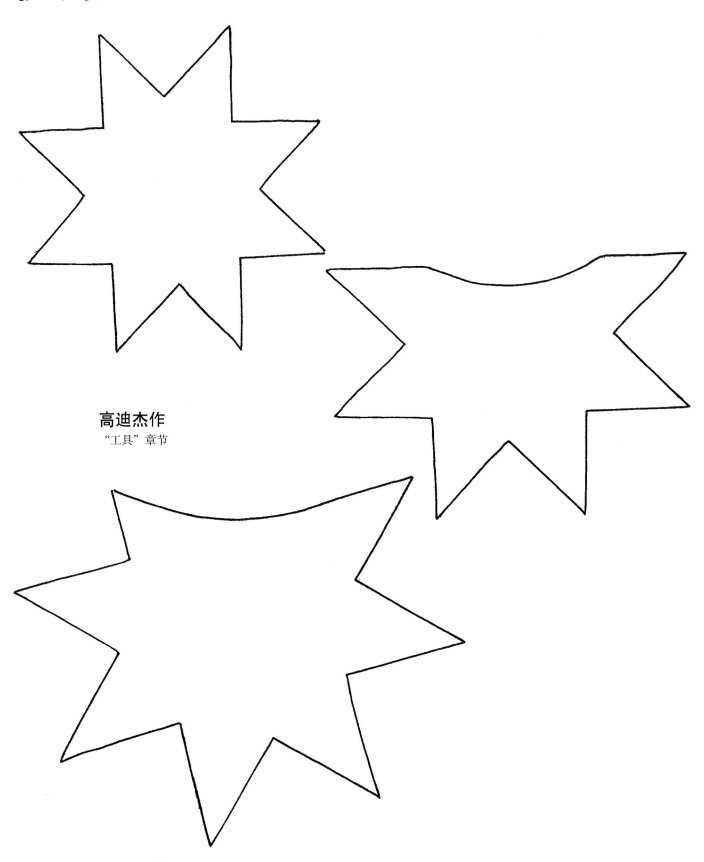

高迪杰作
"工具"章节

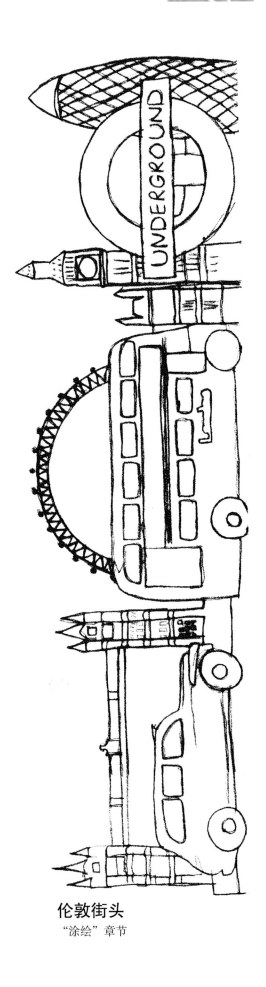

伦敦街头

"涂绘"章节

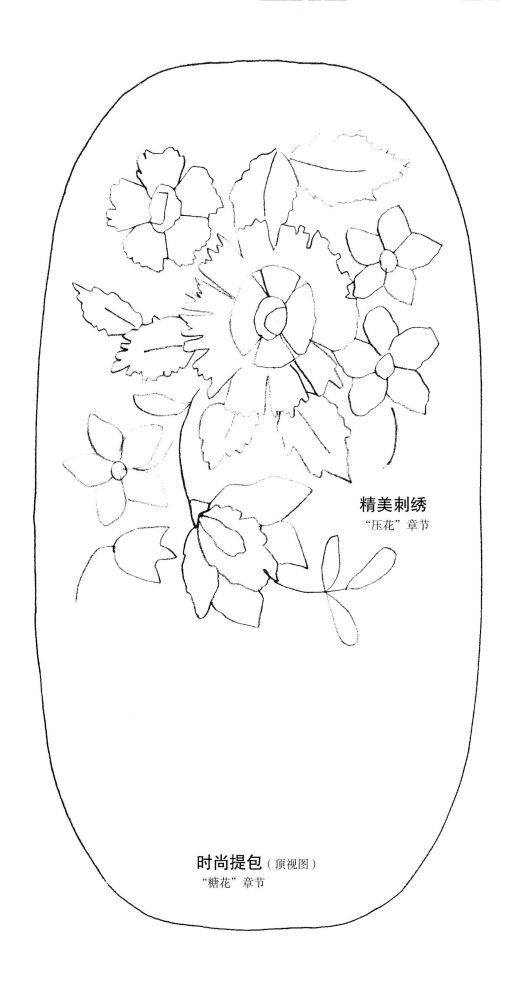

精美刺绣
"压花"章节

时尚提包（顶视图）
"糖花"章节

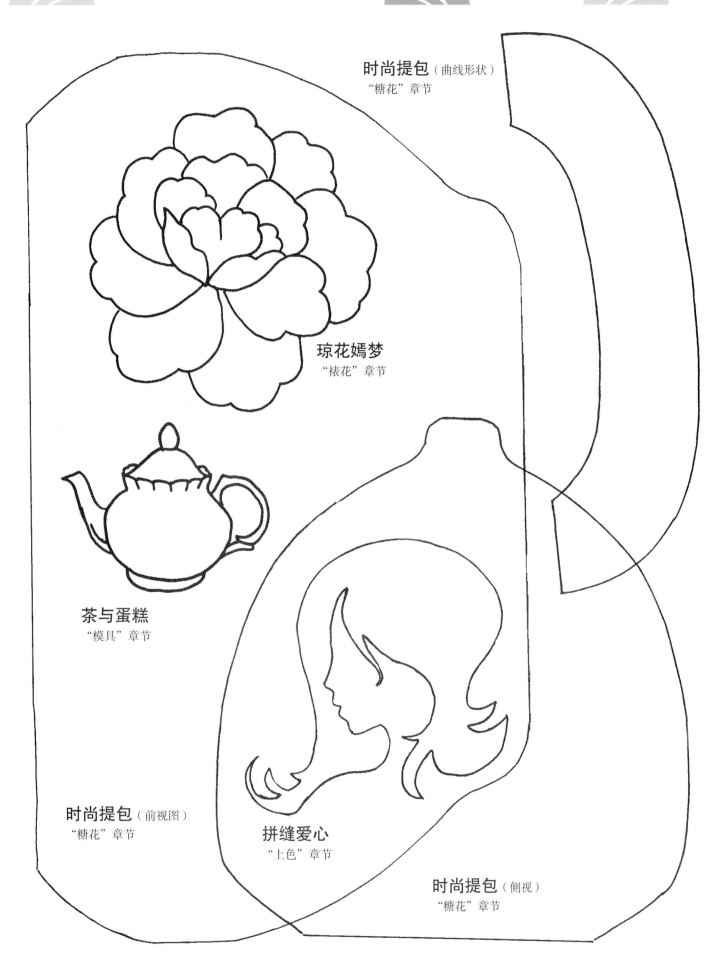

时尚提包（曲线形状）
"糖花"章节

琼花嫣梦
"裱花"章节

茶与蛋糕
"模具"章节

时尚提包（前视图）
"糖花"章节

拼缝爱心
"上色"章节

时尚提包（侧视）
"糖花"章节

163

TITLE : [Cake decorating bible]

BY : [Lindy Smith]

Copyright ©Lindy Smith, Darid&Charles,2011

本书中文简体专有出版权经由中华版权代理中心代理授权北京书中缘图书有限公司出品并由河北科学技术出版社在中国范围内出版本书中文简体字版本。

著作权合同登记号：冀图登字 03-2013-060

版权所有，翻印必究

图书在版编目（CIP）数据

蛋糕装饰圣经：翻糖、裱花、糖艺雕刻 / (英) 史密斯著；黄如露译. -- 石家庄：河北科学技术出版社，2014.10（2015.6重印）

ISBN 978-7-5375-7168-5

Ⅰ.①蛋… Ⅱ.①史… ②黄… Ⅲ.①蛋糕 - 糕点加工 Ⅳ.①TS213.2

中国版本图书馆CIP数据核字(2014)第171826号

蛋糕装饰圣经：翻糖、裱花、糖艺雕刻

［英］林迪·史密斯 著 黄如露 译

策划制作：北京书锦缘咨询有限公司（www.booklink.com.cn）

总 策 划：陈 庆

策 划：李 伟

责任编辑：刘建鑫

版式设计：季传亮

出版发行 河北科学技术出版社

地 址 石家庄市友谊北大街330号（邮编：050061）

印 刷 北京美图印务有限公司

经 销 全国新华书店

成品尺寸 210mm×275mm

印 张 10.25

字 数 230千字

版 次 2014年10月第1版
　　　　2015年6月第3次印刷

定 价 98.00元